Inhalt

Teil III
Wie Experten in der Praxis Challenge Management anwenden

Challenge Management

Dr. Wladimir Klitschko, dessen Bekanntheitsgrad in Deutschland laut dem *Spiegel* bei 92 Prozent liegt, ist ehemaliger Boxweltmeister im Schwergewicht nach Version der IBF, IBO, WBO und WBA. Der studierte Philosoph ist promovierter Sportwissenschaftler, Dozent an der Universität St. Gallen und erfolgreicher Unternehmer.

Stefanie Bilen ist Journalistin und Buchautorin. Sie hat unter anderem für das *Handelsblatt,* den *Harvard Business Manager* und das *Wall Street Journal* geschrieben. Das Handwerk hat sie nach einem BWL-Studium an der Georg-von-Holtzbrinck-Schule für Wirtschaftsjournalisten gelernt. Sie segelt und läuft. Ihr erstes Boxtraining steht noch aus.

Wladimir Klitschko mit Stefanie Bilen

Challenge Management

Was Sie als Manager
vom Spitzensportler lernen können

Campus Verlag
Frankfurt/New York

ISBN 978-3-593-50746-0 Print
ISBN 978-3-593-43691-3 E-Book (PDF)
ISBN 978-3-593-43765-1 E-Book (EPUB)

Copyright © 2017 Campus Verlag GmbH, Frankfurt am Main
Umschlaggestaltung: Guido Klütsch, Köln
Umschlagfoto: © Marc Schäfer
Satz: Fotosatz L. Huhn, Linsengericht
Gesetzt aus der Sabon und Neuen Helvetica
Druck und Bindung: Beltz Bad Langensalza
Printed in Germany

www.campus.de

Begrüßung

»Wenn wir Willenskraft in unserer Haltung verankern, können wir jede Herausforderung bewältigen!« Das ist die Erfahrung und der Leitsatz, der mich in der langjährigen Zusammenarbeit mit Wladimir Klitschko am stärksten geprägt hat.

An der Seite dieses Ausnahmesportlers zu arbeiten, ist eine große Ehre. Jeder Tag bietet die Chance, zu wachsen. Er doziert nicht, er belehrt nicht, vielmehr lässt er die Menschen um ihn herum ganz selbstverständlich an seinem Know-how und an seinen Ideen teilhaben – auf eine sympathische, glaubwürdige und sehr empathische Weise.

Mit diesem Buch möchte er Ihnen zeigen, wie die Haltung eines Boxers auf die Herausforderungen des (Business-)Alltags übertragen werden kann. Es zeigt Lösungen auf, die ihn dahin gebracht haben, wo er jetzt steht: Wladimir Klitschko gehört zu den geachtetsten Sportikonen der Welt und agiert als erfolgreicher Geschäftsmann eines internationalen Firmennetzwerks.

Ich wünsche Ihnen Spaß beim Lesen und ganz viel Willenskraft beim Annehmen und Bewältigen Ihrer Herausforderungen.

Tatjana Kiel
Geschäftsführerin der KLITSCHKO Ventures GmbH
t.kiel@klitschko-ventures.com

Der Kampf, der Fall und der Aufstieg

Es gibt auf dieser Welt gewisse Menschen mit großer Vorbildfunktion. Menschen, die konsequent sind und die über große Überzeugungskraft verfügen. Menschen, die beharrlich Dinge verfolgen und genau deshalb erfolgreich sind.

Zu diesem Menschenschlag gehört für mich Wladimir Klitschko. Ich bin sehr stolz, ihn zu kennen. Er ist ein Mensch, den ein großes Herz, erstaunliche Leidenschaft und hohe Integrität auszeichnet. Zudem ist er ein wunderbarer Freund.

In unser beider bisherigen Leben gibt es einige Gemeinsamkeiten, die uns verbinden.

Wir sind beide bescheiden und kennen unsere Wurzeln. Unser beider Leben wurde stark durch die Eltern geprägt. Er wuchs in der ehemaligen Sowjetunion auf, ich dagegen im Arbeiterort Amityville im Bundesstaat New York.

Wir sind beide hungrig nach Erfolg. Unsere Teenagerjahre haben gezeigt, dass wir mehr erwarten vom Leben. Wladimirs Talent im Ring zeigte sich schon früh im Boxen in der Ukraine. Ich hatte gleichzeitig drei Teilzeitjobs, um mein eigenes kleines Geschäft in Amityville kaufen zu können. Das war der Start in meine Laufbahn als Unternehmer.

Wir beide verdanken den Erfolg bestimmten Werten, die uns wichtig sind. Wladimirs Ausdauer, Flexibilität, Konzentration und Koordination haben mich immer inspiriert. Ich war schon immer davon überzeugt, dass Vertrauen das größte menschliche Gut ist. Gerade jetzt braucht die Welt mehr Empathie, mehr Vertrauen und mehr Liebe.

Schließlich verbindet uns beide die Ansicht, dass sich wahre Führungspersönlichkeiten durch das auszeichnen, was sie der Welt geben und nicht durch das, was ihnen gegeben wird.

In diesem Sinne möchte ich Ihnen von mir erzählen und damit überleiten zu diesem interessanten Buch von Wladimir, in dem er seine Sicht auf die Welt mit uns teilt.

Ich erinnere mich an meine Kindheit in Long Island im Bundesstaat New York. Mein soziales Umfeld war durch ehrliche, hart arbeitende Menschen geprägt. Ich trug Zeitungen aus, packte Lebensmittel in Tüten oder arbeitete als Kellner. Dabei habe ich viel gelernt. Manches schnell. Anderes langsamer.

Eines Nachts stand unsere Familie auf der Straße. Wir mussten hilflos zusehen, wie unser Haus abbrannte. Ich war noch klein. Es wäre keine Schande gewesen, wenn ich Angst gehabt hätte oder sehr traurig über den Verlust gewesen wäre. Doch meine Mutter gab mir in diesem Moment einen klugen Rat, an den ich oft denke: »Bill, es gibt nichts in diesem Haus, das wichtiger wäre als das, was außerhalb ist.«

Momente wie dieser legten das Fundament für meinen lebenslangen Optimismus. Ich verinnerlichte, dass nichts und niemand die Träume eines Menschen stehlen kann. Egal, was geschieht. Ich habe gelernt, dass es Träume sind, die Sieger auszeichnen.

Jahrzehnte später – alle meine Jugendträume hatten sich erfüllt und ich blickte bereits auf eine erfolgreiche Karriere zurück – nahm ich an der Veranstaltung eines Buchclubs in Walldorf in Deutschland teil. Während des Gesprächs stand plötzlich eine Kollegin auf und sagte etwas, das mich bescheiden werden ließ:

»Bill, ich habe Ihre Autobiografie Mein Weg zu SAP *gelesen. Der Ratschlag Ihrer Mutter an Sie hat mich sehr beeindruckt: ›Das Beste an Dir bist Du‹. Ich habe dieses Zitat an meinen Kühlschrank gehängt und zeige es jeden Tag meinen Kindern. Es bedeutet uns allen so viel. Vielen, vielen Dank.«*

Ihre Worte haben mich tief bewegt. Die Kollegin hat mich daran erinnert, dass einen Menschen, der von seiner Einzigartigkeit überzeugt ist, niemand aufhalten kann – keine Konkurrenten und kein Hindernis.

Sie hat mir auch bewusstgemacht, dass uns alle auf unserem Lebensweg viel mehr eint als trennt. Wir haben alle einen Lebenstraum. Wir wissen, wie eng die Größe unseres Traums, unsere Vorstellungskraft, unser Mut mit dem zusammenhängen, was wir tatsächlich erreichen.

Wir alle haben unsere Wege gebahnt, waren oft erfolgreich, sind häufig aber auch gescheitert. Denn kein Traum wird real ohne den Blick für Details und ihre Bedeutung für das große Ganze.

Die Welt steckt voller Überraschungen, wer kennt das nicht? Und nichts verändert unsere Denkweisen schneller als das Bewusstsein, dass sich unsere Welt ständig verändert und nichts so bleibt, wie es war.

Dennoch gibt es etwas, was den Einzelnen aus der Masse hervorhebt.

Wie halten wir harte Kämpfe durch? Was treibt uns an, sodass wir nach einem Sturz wieder aufstehen? Wie bringen wir Verstand und unbeugsamen Willen in Einklang? Meine Erfahrung hat mich gelehrt, dass hier die größte Bewährungsprobe wartet.

Es ist, als wäre es gestern gewesen: An einem ganz normalen Sommertag feierten wir den Geburtstag meines Vaters. Mein Bruder war da, wir spielten Golf. Zuhause genossen wir ein gemütliches Abendessen. Es war ein perfekter Tag. Ich erinnere mich, wie froh ich über die gemeinsame Zeit mit meiner Familie war. Denn in der globalisierten und digitalisierten Welt werden diese Momente mit unseren Liebsten leider immer seltener.

Nachts verließ ich das Gästezimmer im Haus meines Bruders, um mein Wasserglas aufzufüllen. Es war dunkel, ich rutschte auf der Treppe aus, das Glas zersprang und ich stürzte in die Glassplitter. Ich war schwer im Gesicht verletzt, besonders am linken Auge. Es war einer dieser verrückten Unfälle, von denen wir denken, dass sie nur anderen passieren.

In den Momenten direkt nach dem Sturz spürte ich, wie zwei Kräfte miteinander um die Kontrolle über unser Verhalten ringen: der Verstand und der Wille.

Mir wurde klar, dass der Verstand dem Schmerz aus dem Weg gehen will.

Mein Verstand sagte mir dementsprechend. »Es ist okay. Bleib liegen. Schlaf ein. Denn wenn du jetzt aufstehst, wird alles viel schwieriger.«

Sehr vernünftig.

Doch obwohl der Verstand uns nahezu vollständig kontrolliert, schafft er es nicht, unseren Willen zu brechen.

Es war mein Wille, der mir Klarheit gab. »Du hast die großartigste Familie, die tollsten Kollegen und Freunde der Welt. Sie alle zählen auf dich. Nun steh auf und mach weiter!«

Ich war schwer verletzt. Mir war klar, dass meine Genesung lange dauern würde. Und dennoch zog ich mich in dieser Nacht hoch. Ich gehorchte meinem Willen. Einige der besten medizinischen Fachkräfte der Welt kümmerten sich um mich. Ich bekam die beste Pflege, die man sich vorstellen konnte. Meine Frau Julie, meine Familie, meine Freunde und Kollegen standen mir stets zur Seite, ein echter Segen.

Ich erinnere mich besonders an Hasso Plattner, den Mitgründer und Aufsichtsratsvorsitzenden meines Unternehmens, SAP. Er sagte zu mir: »Bill, du machst dir immer Gedanken darüber, wie du andere unterstützen kannst. Nun helfen wir dir. Ganz egal, was du brauchst, du kannst auf uns zählen.«

Ich kämpfte um meine Gesundheit und gab dabei alles. Das würde wohl jeder tun. Leider konnte mein linkes Auge nicht gerettet werden. Dennoch hatte ich das Gefühl, mehr zu sehen als vorher. Weil mir bewusstgeworden ist, dass Sehen mehr ist als die Wahrnehmung mit unseren Augen. Es geht auch darum, was wir fühlen und welche Gefühle wir in anderen Menschen bewirken. Dadurch entstehen ganz neue Kräfte.

Mir ist nun klar, dass dieser Kampf zwischen Verstand und Willen den Charakter nicht nur formt, sondern ihn vielmehr enthüllt. In diesen Momenten bricht die volle Kraft unserer persönlichen Lebenserfahrungen an die Oberfläche und lässt uns leidenschaftlich aufschreien. Mit unserem Willen stehen wir auf, laufen los und machen weiter. Sieger stehen immer auf und Sieger steigen auf!

Wladimir ist einer der großen Box-Champions der Geschichte. Aber das ist nicht das Besondere an ihm oder der Antrieb für seinen Aufstieg. Im Grunde seines Herzens ist und bleibt er ein Herausforderer, ein Challenger.

Der Champion erhält Auszeichnungen und Ehrungen – meistens verdient. Aber der Herausforderer gibt die kleinste Faser seines Herzens und seiner Seele.

In diesem Buch erfahren wir persönlich vom ultimativen Challenger, wie sich die Herausforderungen des Lebens meistern lassen. Oder wie er immer sagt: »Wenn du deinen Verstand kontrollieren kannst, kannst du alles kontrollieren.«

Wir alle kämpfen. Wir alle fallen. Und wir alle tragen in uns die Fähigkeit, wieder aufzustehen und aufzusteigen.

Mit Wladimir haben wir ein Vorbild, dem wir vertrauen können.

Bill McDermott
SAP SE CEO und Executive Board Member
März 2017

What a fight!

»Failure is not an option!« Diese Überzeugung hat mich im Sport seit meiner ersten Niederlage begleitet. Für mich als Profisportler gab es seitdem nur eine Option: nämlich in den Ring zu steigen, um zu siegen. Sonst hätte ich gar nicht erst antreten, geschweige denn den Kampf gegen einen Gegner aufnehmen müssen.

Als ich im Winter 2015 nach jahrelangem Erfolg gegen Tyson Fury verlor und sich der Rückkampf so wahnsinnig lange hinzog, kam eine neue Dimension hinzu. Jetzt reichte es mir bei der Vorbereitung nicht mehr allein, die Niederlage auf den nächsten Kampf auszuschließen. Ich wollte den Sieg mit Haut und Haaren und ordnete alles diesem Ziel unter. Dass Fury schließlich den Rückkampf absagte und ich mit Anthony Joshua einen Gegner fand, der mir die größte aller Bühnen bot und zudem die größte aller Herausforderungen bedeutete, verstärkte diese Einstellung. Schließlich bekommt ein Boxprofi nicht alle Tage die Chance, trotz vorheriger Niederlage jetzt vor 90 000 Zuschauern bei einer weltweiten Übertragung in über 150 Länder gegen den Besten der Besten anzutreten. Ich war besessen von der Idee, zu gewinnen. Alles, was ich und mein Team fortan taten, machten wir mit Besessenheit.

Besessenheit – merkwürdigerweise ist der Begriff in der deutschen Sprache negativ besetzt. Wenn von Besessenheit die Rede ist, sind zugleich Verbissenheit und sogar ein bisschen Wahnsinn und Verrücktheit gemeint. Für mich ist der Begriff durch und durch positiv. Nach meinem Verständnis bedeutet Besessenheit nur eins: bedingungslose und vollkommene Liebe.

Mein Ziel war es, den Kampf gegen den 27-jährigen Anthony Joshua am 29. April 2017 zu gewinnen. Ich war besessen von dieser Vorstellung und zu 100 Prozent überzeugt, mein Ziel zu erreichen. Obwohl ich mir so sicher war zu gewinnen, zeigt das Ergebnis des Kampfes, dass ich den Wettkampf verloren habe. Doch im Ring gelang es mir, nach Niederschlägen mehrfach wieder aufzustehen und ich konnte sogar meinen Gegner auf die Bretter schicken. Es mag merkwürdig klingen: Ich habe den Kampf nicht gewonnen und den Ring trotzdem als Sieger verlassen. Ich habe meinen größten Gegner besiegt: mich selbst.

Die Rückmeldungen, die ich nach diesem Kampf bekam, waren überwältigend. Berichterstatter waren sich einig darüber, dass ich mit Herz und Verstand gekämpft und trotz Niederlage Größe gezeigt habe. »Wladimir Klitschko hat bewiesen, dass man sogar als Verlierer als Held aus dem Ring steigen kann«, sagte einer der Kommentatoren. Die Zahl meiner Fans ist größer geworden, der Zuspruch aus aller Welt enorm.

Hätte ich Anthony Joshua in der ersten Runde besiegt, sähe das sicherlich anders aus. Es scheint wohl etwas dran zu sein an dem Satz, den ein Journalist schrieb: »Klitschko erschien in der Niederlage größer, als er es je bei seinen Siegen vermocht hat.«

Deshalb habe ich meinen Leitsatz revidiert, denn für mich steht fest: »Failure is an option« – und in diesem Falle eine sehr gute. Ich habe nicht mein Ziel erreicht, den Kampf zu gewinnen, ich habe jedoch ein anderes, viel größeres Ziel erreicht: weltweite Anerkennung und Respekt, auch für den Boxsport. Im »Scheitern« habe ich einen viel größeren Erfolg erzielt, als mir durch einen Sieg gelungen wäre.

Wichtig bleibt hingegen meine Besessenheit. Ich muss lieben, was ich tue. Ich muss alles geben dafür, bis zum Ende. »One can loose a fight, but one can not loose an obsession.«

Seit dem 29. April 2017 steht für mich fest: Erfolg ist nicht unbedingt das Erreichen eines vorher festgelegten Ziels. Es ist vielmehr das Erreichen des bestmöglichen Ergebnisses – und manchmal lässt sich vorher nicht einmal erahnen, welches Ergebnis das bestmögliche sein könnte.

Nach diesem Abend habe ich die Bedeutung des Wortes (Miss-)Erfolg neu definiert.

Failure with obsession – is an option!

Ihr *W. Klitschko* am 30. April 2017

Teil I

Herausforderungen sind wie die Luft zum Atmen

1. Wie alles begann

Der Mann war doppelt so groß wie ich. Mindestens. Ich stand mit dem Kopf im Nacken vor ihm, meine Mutter mit einigem Abstand hinter mir. Ich war unglaublich stolz und ein bisschen aufgeregt. Der Grundschuldirektor hatte sich Zeit genommen, weil ich etwas mit ihm zu bereden hatte. Es ging um meine Zukunft.

Ich war sechs und hatte die Nase voll vom Kindergarten. Normalerweise wäre ich wie alle anderen Kinder in Russland mit sieben eingeschult worden, doch ich wollte nicht so lange warten. Seit Jahren ging ich in den Kindergarten, meine Mutter arbeitete dort als Lehrerin der Vorschulklasse. Jeden Morgen machten wir uns gemeinsam auf den Weg, ich spielte die immer gleichen Spiele, ich traf dieselben Kinder, wir sangen Jahr für Jahr ähnliche Lieder. Ich hatte genug, ich wollte etwas Neues. Ich war neugierig und fand mich reif für die Schule. Etliche Male hatte ich mich bei meiner Mutter beklagt, doch sie antwortete stets dasselbe: »Alle Kinder gehen erst mit sieben in die Schule. Es gibt keine Ausnahmen.«

Als ich ihr mal wieder in den Ohren lag – das konnte ich ausdauernd, beinahe penetrant, wie meine Mutter mir später versicherte –, hatte sie die Nase voll: »Wenn du wirklich so überzeugt bist und es unbedingt willst, beweise es mir«, sagte sie. »Wir gehen zum Schuldirektor und du selbst trägst ihm dein Anliegen vor.«

Falls meine Mutter gehofft hatte, dass mich ihre Ankündigung einschüchtern und von meinem Wunsch abhalten würde, irrte sie sich. Ich jubelte vor Freude. Ich war zwar noch ein kleiner Junge, doch mein Kampfgeist war geweckt. Ich wollte schnellstmöglich eingeschult werden und zu den Großen gehören. Ich malte mir aus, wie schön es sein würde, ernst genommen zu werden: Wichtiges lernen zu dürfen und Aufgaben zu bekommen. Ich sah mich förmlich schon in meinem Klassenraum sitzen, an einem richtigen Tisch, deutlich größer als im Kindergarten, auf meinem eigenen Stuhl.

Meine Mutter vereinbarte einen Termin und so stand ich jetzt vor dem älteren Herrn, um ihn um eine Ausnahmeregelung zu bitten. »Du weißt schon, dass alle Kinder erst mit sieben in die Schule gehen dürfen, oder?«, fragte er mich. Ich nickte und erwiderte, dass ich keine Angst vor älteren Kindern hätte. Schließlich war Vitali, mein eigener Bruder, fünf Jahre älter als ich. »Du weißt auch, dass wir hier ein ganz anderes Programm haben als im Kindergarten?«, fuhr er fort. »Hier müsst ihr lernen, Aufgaben erfüllen und das tun, was die Lehrer euch sagen.« »Ich weiß«, erwiderte ich freudestrahlend. »Bist du bereit, dich danach zu richten?«, fragte er. Ich nickte eifrig. Gerade darum ging es mir ja.

Der Direktor wechselte Blicke mit meiner Mutter und tuschelte eine Weile mit ihr. Schließlich beugte er sich zu mir herunter und schüttelte mir die Hand. »Wladimir, dann sollst du mit sechs Jahren eingeschult werden. Ich hoffe, du enttäuscht uns nicht«, sagte er ernst. »Ich muss zugeben, dass sich noch nie ein Sechsjähriger so mutig und willensstark vor mich hingestellt und getraut hat, seinen Wunsch so selbstbewusst vorzutragen.«

Ich war glücklich. Ich fiel meiner Mutter um den Hals und erzählte meinem Vater und meiner Großmutter zu Hause, dass auch ich bald ein Schulkind sein würde. Ich verspürte Zufriedenheit und unglaubliche Genugtuung. Ich hatte meinen Wunsch durchgesetzt. Die kommenden Jahre sollten meiner Familie und den Lehrern zeigen, dass es die richtige Entscheidung war.

Damals machte ich mir darüber noch keine Gedanken, doch ich hatte etwas gelernt: Egal, wie alt oder jung ich war – es lohnt sich immer, sich für Ziele einzusetzen, die wichtig sind. Ungeachtet der Hindernisse, die unterwegs auftauchen werden. Das Wichtigste ist, dass ich an mich glaube, dranbleibe und nicht aufgebe.

Wie ich feststellte, war es ein Muster, das sich in meiner Kindheit und Jugend stets wiederholen sollte: Setzte ich mir etwas in den Kopf, wendete ich mich an meine Mutter. Sie war meine Ansprechpartnerin für meine Pläne, Sehnsüchte und Visionen. Allerdings setzte sie diese nie für mich um oder servierte mir die Lösung auf dem Silbertablett. Viel eher half sie mir, einen eigenen Weg zu finden. So lernte ich, mich für meine Wünsche einzusetzen und durchzuboxen. Das setzte voraus, dass ich mir sehr sicher sein und als Kind gut argumentieren musste, um an mein Ziel zu kommen.

Das war schon deshalb notwendig, weil ich mich gegenüber meinem älteren Bruder Vitali behaupten wollte. Nicht nur er selbst fühlte sich mir deutlich überlegen. Auch meine Mutter hatte dieses Bild von uns: »Vova«, sagte sie sehr häufig zu mir, »es gibt Führende, und es gibt Geführte. Dein Bruder Vitali gehört zur ersten Gruppe, du eher zur zweiten.«

Wie ich es hasste, wenn sie das sagte! Ja, mein Bruder ist fünf Jahre älter als ich, und meine Eltern hatten ihm die Verantwortung für mich übertragen. Weil beide arbeiteten, war es häufig mein Bruder, der auf mich aufpasste oder den ich begleitete. Aber musste er deswegen automatisch eine Führungsfigur sein – und ich sein Untergebener? Schließlich war ich genauso mutig und zielstrebig wie er.

Möglich, dass ich meine Mutter schon deshalb in jungen Jahren beharrlich nervte, um sie für meine Pläne zu gewinnen. Glücklicherweise erkannte sie, dass ich ein Kind war, das stets gefördert und gefordert werden wollte; dem häufiger Aufgaben und Herausforderungen gegeben werden mussten, um sich zu entwickeln. Sie ging in der Regel auf meine Anliegen ein, ohne es mir allerdings allzu leicht zu machen. Sie wollte sicher sein, dass ich etwas wirklich wollte.

Ich erinnere mich an eine andere Geschichte: Ich war elf Jahre alt und die großen Sommerferien standen vor der Tür. Ich hatte drei Monate frei. Meine Mutter erzählte mir, dass in ihrer Firma ein Ferienjob frei sei. Wir lebten inzwischen in Kiew und sie arbeitete bei einem Aufzugsproduzenten. Weil ich mir gerne ein Taschengeld dazuverdienen wollte, war ich begeistert und sagte sofort zu.

An meinem ersten Arbeitstag wurde ich stolzer Besitzer eines grauen Unternehmenskittels, der für die kommenden Monate meine Uniform sein sollte. Mein Verantwortungsbereich war klar umrissen: Gelände fegen, Bordsteine weißen und die elektrischen Kontakte an defekten Liften ausbauen.

Dass die Arbeit langweilig war, darüber machte ich mir damals keinerlei Gedanken. Ich war froh, dass ich den Job ergattert hatte. Es gab eine Aufgabe, die es zu erledigen galt und für die ich bezahlt wurde. So freute ich mich jeden Morgen auf das, was vor mir lag und ging Tag für Tag pflichtbewusst ans Werk.

Als nach einem Monat zum ersten Mal der Lohn ausgezahlt wurde, wollte meine Mutter ihn für mich abholen. Doch ich war viel zu stolz, um es ihr zu überlassen. Ich stellte mich zusammen mit den anderen Arbeiterinnen und Arbeitern in die Reihe und kam mir unglaublich erwachsen vor. Mein erstes selbstverdientes Geld!

Was ich damals nicht wusste: Es gab weder eine offizielle Stelle für mich noch einen Lohn. Meine Mutter hatte den Ferienjob für mich erfunden und ihre Kollegen eingeweiht, einschließlich der Frau an der Zahlstelle. Sie wollte, dass ich während der Ferien eine Aufgabe hatte und zugleich lernte, dass ich mir mein Geld verdienen musste. Es war ihre Art, mir etwas zuzutrauen und mein Selbstbewusstsein zu stärken.

Ins Wanken kam ihr Plan, als ein anderer Junge ebenfalls einen Ferienjob antrat. Andrey hieß der Junge und er bekam dieselben Aufgaben wie ich: Fegen, streichen, schrauben. Das Ungerechte daran: Er verdiente 50 Kopeken pro Stunde, ich nur 25. Ich verstand die Welt nicht mehr und versuchte, mit meiner Mutter darüber zu sprechen. Dass ich ihn einweisen sollte, er unzuverlässig war und nicht einmal jeden Tag zur Arbeit kam, machte die Sache nur noch schlimmer.

Meine Mutter zuckte mit den Achseln. Sie hätte sich besser mit Andreys Mutter absprechen sollen. Auch sein Ferienjob war inoffiziell, das konnte sie mir damals nur nicht sagen. Es blieb mir nichts anderes übrig, als mich damit abzufinden.

Am Ende der Ferien hatte ich mir 10 Rubel verdient. Ich erfüllte mir mit dem Geld einen lang gehegten Wunsch und kaufte mir weiße Sommerschuhe. Die warme Jahreszeit war zwar fast vorüber, doch das interessierte mich nicht. Es war selbstverdientes Geld, das ich nach anstrengenden und monotonen Wochen beisammen hatte. Ich trug die Schuhe mit Stolz und Würde – auch im Herbst.

Disziplin und Pflichtbewusstsein waren Tugenden, die mein Bruder und ich von klein auf vermittelt bekamen. Genauso wie Ehrlichkeit und Respekt. All unsere männlichen Vorfahren waren Soldaten der Armee, unser Vater lebte uns diese Werte permanent vor und forderte sie von uns ein.

Wurde eine Aufgabe an uns herangetragen, war sie zu erledigen und Bericht zu erstatten. Egal, ob über Tage, Wochen oder Monate. Ob wir Lust hatten oder nicht. Darum ging es damals nicht. Das wurde uns von ganz klein auf beigebracht. Es bedeutete allerdings nicht, dass ich nicht von Zeit zu Zeit versuchte, die gesetzten Grenzen auszutesten und diese Werte für einen Moment beiseite zu lassen.

Ich war zehn Jahre alt, als ich auf der Suche nach einer regelmäßigen Freizeitbeschäftigung war. Mein Bruder Vitali war 15 und trainierte bereits das Kickboxen. In meinem Alter kam das noch nicht infrage. Also fragte mich meine Mutter: »Was möchtest du machen?« Im Fernsehen hatte ich einen kurzen – verbotenen – Blick auf Break Dance erhascht und war fasziniert von den jungen Amerikanern, die sich so cool und lässig auf den Boden fallen ließen, um sich zu drehen und passend zur Musik wieder hochzuspringen.

Ich fand heraus, dass es am anderen Ende von Kiew eine Break-Dance-Schule gab und sagte meiner Mutter, dass ich dort gerne Unterricht nehmen würde. Leider war ein Kurs mit 5 Rubeln Monatsgebühr sehr teuer und eigentlich außerhalb unserer Möglichkeiten. Doch ich hatte es mir in den Kopf gesetzt und bekniete meine Mutter fortan. Zu meiner Verwunderung gab sie irgendwann nach.

Am Tag des ersten Kurses drückte sie mir das Geld in die Hand und beschwor mich, es bloß nicht zu verlieren. Sie vertraute darauf, dass ich den Weg quer durch die Stadt fand und heil ankam. Schließlich war ich oft alleine unterwegs. Weil ich wie so häufig das Busgeld sparen wollte, ging ich auch an dem Nachmittag zu Fuß und beeilte mich. Links und rechts nahm ich wenig wahr, bis mir ein Spielautomat an einer Hauswand auffiel. Ich blieb stehen, weil der Apparat mich auf magische Weise anzog. Bis heute kann ich mir nicht erklären, woher diese plötzliche, völlig unbekannte Faszination kam. Ich guckte auf die blinkenden Lichter und malte mir aus, wie ein Haufen Münzen klimpernd aus dem Schacht herausfiel. Auf einmal fand ich Gefallen an der Vorstellung, mein Geld zu vermehren. Ich müsste nur ein, zwei Mal gewinnen und könnte mit etwas Glück ein Vielfaches herausbekommen. Ich handelte ganz spontan und ließ mir Kleingeld geben. Münze für Münze landete im Spielautomaten. Doch bedauerlicherweise gewann ich nicht. Nicht in der ersten Runde und auch nicht in den folgenden. Ich hörte erst auf, als ich alles verspielt hatte. Der erhoffte Geldsegen war ausgeblieben. Mir wurde klar: Für die nächsten vier Wochen würde ich kein Geld haben, um Break Dance zu lernen. Ich hatte die gesamte Summe verzockt.

Das schlechte Gewissen überkam mich und ich wartete zwei Stunden, bis ich mich nach Hause zurückwagte. Meine Familie war gespannt, wie mir der Kurs gefallen hatte und wollte erste Schritte und Bewegungen sehen. Ich redete mich heraus und traute mich nicht, von meinem Fehltritt zu erzählen. Zu groß war das Vertrauen, das mir meine Mutter geschenkt, zu groß der Betrag, den ich sinnlos ausgegeben hatte. So ließ ich Vater, Großmutter, Bruder und Mutter in dem Glauben, die erste Trainingsstunde absolviert zu haben.

Ich setzte das Spiel fort: Woche für Woche verließ ich das Haus, um angeblich zum Break Dance zu gehen und übte unterdessen zwischendurch alleine vor dem Spiegel die Bewegungen, Drehungen und Schritte ein, die ich im Fernsehen gesehen hatte. Zwölf Wochen ging das so, weil ich auch die nächsten zwei Monatsgebühren verspielte. Dennoch wurde ich richtig gut im Break Dance. Meine Familie applaudierte jedes Mal, wenn ich ihnen das selbst Beigebrachte vorführte. Ich glaube, meine Mutter kennt die Wahrheit bis heute nicht, und ich konnte mich lange Zeit nicht entscheiden, welchem Gefühl ich die Oberhand lassen sollte: meiner Sorge, doch noch erwischt zu werden und großen Ärger zu kassieren, oder meiner Freude, weil ich das Beste aus dem Fehltritt gemacht und im Selbststudium Break Dance gelernt hatte.

Heute weiß ich: Meine Kindheit und Jugend waren geprägt von Aufgaben, die über das gewöhnliche Maß eines Schulkindes hinausgingen, verbunden mit großer Disziplin. Durch den häufigen Ortswechsel meiner Familie – mein Vater war ein hochrangiger Offizier der Armee und wurde alle paar Jahre versetzt – mussten mein Bruder und ich uns häufig auf neue Klassen, Lehrer und Umgebungen einstellen. War ich mit dem Lernstoff und den Hausaufgaben nicht ausgelastet, sorgte meine Mutter für weitere Aufgaben. Sie gab mir laufend neue Romane zu lesen, die mich zum Nachdenken anregten. Hatte ich in den Ferien nichts zu tun, organisierte sie mir Ferienjobs. Damit keine Langeweile aufkam, ließ sie mich im Haushalt helfen oder ermöglichte es mir, neue Hobbys auszuprobieren. Genügte mir all das nicht, suchte ich mir eigene Abenteuer.

Ich schaffte mir selbst meine Aufgaben, kleine Nervenkitzel und Mutproben inklusive.

So fand ich es auch nicht ungewöhnlich, dass ich mit 14 Jahren auf ein Internat wechselte. Mein Bruder war einige Jahre zuvor denselben Weg gegangen. Ich war bereit, mein Elternhaus zu verlassen und mein Leben größtenteils selbst in die Hand zu nehmen. Weil ich ein Ziel hatte: Ich wollte die Welt kennenlernen und bereisen.

In der Sowjetunion verließen alle Jugendlichen die allgemein bildende Schule nach neun Jahren und starteten an einer beruflichen Schule, einer Mittelschule oder einem Internat. Im Normalfall waren sie 15 Jahre alt. Ich war wegen meines früheren Starts 14, als ich über meine berufliche Zukunft entscheiden musste.

Für meinen Vater war die Wahl klar: So wie er und seine Vorfahren eine Militärschule besucht hatten, sollte auch ich es tun. Er wählte die Suworow-Schule für mich aus, eine Kadettenschule, die im 18. Jahrhundert entstanden war und noch heute den Ruf hat, eine hervorragende militärische und allgemeine Bildung zu vermitteln.

Meine Mutter sah dagegen noch andere Fähigkeiten und Stärken in mir. Sie schlug mir vor, Arzt zu werden, und ich fand Gefallen an der Vorstellung. Weil ich meinen Vater nicht enttäuschen wollte, entschied ich mich, Militärarzt zu werden. Ich bewarb mich am medizinischen Technikum. Da ich gute Noten hatte, wurde ich zur Aufnahmeprüfung eingeladen – sogar für meine präferierte Spezialisierung als Hals-Nasen-Ohren-Arzt. Ich schnitt gut ab und bekam eine Zusage. Weil ich ein Jahr jünger als die übrigen Bewerber war, konnte ich jedoch nicht sofort beginnen. Eine nette Dame im Bewerberbüro sagte mir, ich solle zwölf Monate lang eine Ausbildung zum Pfleger machen, um die Zeit zu überbrücken.

Ich dachte, ich höre nicht richtig: Mein Traum war es, Arzt zu werden, und das auf dem direkten Weg. Pfleger zu sein, konnte ich mir überhaupt nicht vorstellen. Ich verabschiedete mich dankend.

Nun musste es schnell gehen, denn die Bewerbungsphase an den meisten Schulen endete in den kommenden Tagen. Im Nachhinein glaube ich, dass der Zeitdruck half, mich für das Richtige zu entscheiden. Ich machte einen Bogen um die von meinem Vater empfohlene Militärschule und bewarb mich an der Sportschule.

Bei Vitali sah ich, welche Chancen ihm das Boxen eröffnete. Was lag näher, als mich an ihm – meinem Vorbild, engen Begleiter und besten Freund – zu orientieren? Er studierte inzwischen Sportwissenschaften an der Universität und nahm seit Jahren an internationalen Kickbox- und Boxwettkämpfen teil. Einige Monate zuvor war er in den USA gewesen. Es mag amüsant klingen, doch ich war schwer beeindruckt: Er hatte Coca-Cola mitgebracht, amerikanische T-Shirts und andere US-Souvenirs. Das wollte ich auch.

Das Boxen würde dabei Mittel zum Zweck sein. Der Sport sollte mir die Erfüllung meines Traums ermöglichen, das Reisen. Und so entschied ich mich intuitiv binnen ganz kurzer Zeit, ans Sportinternat zu gehen.

Die Reaktion meiner Eltern war verhalten, als ich ihnen davon berichtete, doch sie unterstützten mich. Schließlich wusste mein Vater, dass Sport Disziplin erfordert. Das gefiel ihm und er war, genau wie meine Mutter, einverstanden. Ich bewarb mich und bekam für zwei Jahre einen Platz mit dem Schwerpunkt Boxen, so wie ich es mir gewünscht hatte.

Der Anfang war hart. Die Schule lag einige Stunden von Kiew entfernt, ich konnte allenfalls am Wochenende nach Hause fahren. Anfangs hatte ich fürchterliches Heimweh, der Alltag im Internat war ganz anders, als ich ihn mir vorgestellt hatte: Ich war mit fünf Jungen auf einem Zimmer, unsere Tage waren vom Aufstehen bis zum Schlafengehen streng durchorganisiert: zwei Schulstunden am Morgen, Boxtraining, zwei Schulstunden, Mittagessen, zwei Schulstunden, Boxtraining, Abendessen. Zwischendrin musste ich meine Wäsche waschen. Für andere Aktivitäten blieb wenig Zeit.

Immerhin wurden wir für unseren Einsatz belohnt. Wir nahmen schnell an Boxkämpfen teil. Diejenigen, die gut waren, reisten dafür quer durch die Sowjetunion, bald sogar schon weiter in die Ostblock-Staaten und sogar nach Deutschland. Welch ein Privileg! Das Land zu verlassen, andere Nationen, Länder und Kulturen kennenzulernen und sogar den Westen zu sehen, das war damals, aus der Sowjetunion heraus, nur sehr wenigen erlaubt: Politikern oder Sportlern.

Um dies zu erreichen, das realisierte ich sehr schnell, musste ich allerdings auch Leistung bringen. Anfangs steckte ich im Ring ordentlich Schläge ein. Mein erster Boxkampf fand bei uns in der Sportschule statt, und ich wusste gar nicht, wie mir geschah. Ich konnte das Gelernte aus dem Training nicht im Ring umsetzen und traute mich auch nicht, richtig zuzuschlagen. Ich hatte überhaupt keine Chance und war mit der Situation überfordert. Das Ergebnis zeigte sich in den kommenden Tagen optisch: Ich war grün und blau im Gesicht und hatte sogar Cuts. Ich erkannte mich selbst im Spiegel nicht wieder, mir tat alles weh.

Glücklicherweise habe ich immer schon sehr schnell dazugelernt und mir wurde klar, dass es so nicht weitergehen konnte.

Doch auch bei meinem zweiten Kampf erging es mir nicht viel besser, hinzu kam noch die Aufregung wegen meines ersten Auswärtseinsatzes. Der Kampf fand in einem Zirkus in Weißrussland statt, das Zelt war voll. Mir zitterten die Beine alleine schon wegen der vielen Zuschauer. Anfangs verpasste ich meinem Gegner ein paar Schläge, danach konnte ich mich nicht mehr bewegen. Ich bekam wieder ordentlich auf die Nase, bis der Ringrichter den Kampf abbrach, weil ich keine Aktivität zeigte. Der Druck war zu groß: das Publikum, die Atmosphäre, der Kontrahent, der Ringrichter – alles zusammen schüchterte mich ein. Die Situation war überhaupt nicht mit dem Training zu vergleichen. Und ich verstand: Wer gut im Übungsraum ist, hat den Kampf noch nicht gewonnen. Es war wichtig, nicht nur körperlich fit, sondern auch mental stark zu sein. Viele Sportler gewinnen ihre Wettkämpfe im Kopf, nicht mit ihren Muskeln.

Mein Gesicht sah in den kommenden Tagen erneut fürchterlich aus. Doch ich wäre im Leben nicht auf die Idee gekommen, die Wahl meines Sports infrage zu stellen. Ich musste lediglich besser werden und eine Antwort darauf finden, wie ich den Siegeswillen aus dem Training in den Boxring bekommen würde.

Bislang stand mein Wunsch, die Welt zu bereisen, im Vordergrund. Das war mein Ziel. Deswegen hatte ich die Sportschule ausgewählt. Würde ich jedoch so weitermachen, könnte ich mir meinen Traum von der großen weiten Welt ganz schnell abschminken. Ich brauchte Erfolg. Das konnte ich bei Vitali beobachten. Nur weil er seine Kämpfe gewann und seine Gegner dominierte, kam er weiter. Interessanterweise war sein Antrieb ein anderer: Er brannte für den Sport und stellte fest, dass das Reisen dazu gehörte. Er war der geborene Kämpfer. Dadurch wurde das Boxen sein Tor zur Welt.

All das wurde mir nach meinen zwei Kämpfen so richtig bewusst. Ich musste mich anstrengen und meinen Gegner besiegen wollen. Zerstören. Denn es war immer einer von beiden Athleten im Ring, der vermöbelt wurde. Ich oder der andere. Manchmal auch beide, allerdings verließ der mental Stärkere den Ring als Sieger.

Weil ich es nie wieder sein wollte, der nach einem Kampf völlig derangiert aussah, musste ich mutiger und aktiver werden und mehr Siegeswillen zeigen. Ich musste raus aus meiner Komfortzone und zwar schnell. Ich fing an, meine Kämpfe geistig durchzuspielen, mich auf meinen Gegner einzustellen und sah mich in Gedanken als Sieger den Ring verlassen.

Allein diese Vorstellung half mir bereits bei meinem nächsten Einsatz. Ich hatte stets mein zerschundenes Gesicht vor Augen und erinnerte mich an meine Schmerzen: Beides half, die Scheu abzulegen und zuzuschlagen. Er oder ich, diese Erkenntnis war ab sofort immer präsent. Tatsächlich verließ ich beim dritten Kampf den Ring als Gewinner. Und bei all den weiteren, die kamen. Ich hatte verstanden, dass es sowohl auf die physische Fitness als auch die mentale Stärke ankam. Ich tat fortan alles, um mich ganzheitlich auf meine Gegner einzustellen. Mit Geist und Körper.

Dafür wurde ich in vielerlei Hinsicht belohnt. Durch meine Erfolge hielten sich meine Verletzungen im Rahmen und ich verdiente sogar Geld mit meinem Sport. Ich war 15, als ich in Donezk in der Ukraine mein erstes Turnier gewann, bei dem ein Preisgeld ausgelobt wurde: 100 US-Dollar. Ich konnte mein Glück kaum fassen. So viel Geld! Meine Eltern verdienten zu der Zeit umgerechnet 10 US-Dollar monatlich – in Form von Lebensmittelgutscheinen.

Ich machte meinem Bruder ein Geschenk von dem Geld und kaufte Sitzbezüge für seinen Lada, den er sich selbst von Preisgeldern zusammengespart hatte.

Von da an begann eine tolle Zeit. Wir dachten, die Welt gehöre uns. Wir durften reisen, hatten sportliche Erfolge und mit ihnen ein gewisses Ansehen in unserem Freundes- und Bekanntenkreis. »Die Panther« nannten sie uns respektvoll.

Selbstredend hatten nicht alle Verständnis für den Weg, den wir fortan gingen. Der US-Schwergewichtler und ehemalige Weltmeister Lamon Brewster kann unsere Laufbahn und unsere Rolle im Sport bis heute nicht verstehen und nachvollziehen: »Wer sich für den Boxsport entscheidet, hat meist keine andere Wahl«, sagte er in einem Interview. Weil Boxer oft aus dem unteren sozialen Milieu stammen und keinen Schulabschluss haben, geschweige denn eine Berufsausbildung. Dass Vitali und ich uns mit einem abgeschlossenen Studium für diesen Sport entschieden, fand Lamon Brewster absurd: »Den Klitschkos hat die Welt offen gestanden. Sie hätten Anwälte werden können oder Ärzte. Warum also boxen?«

Wahrscheinlich sah Brewster nur das halbe Bild. Er war in den Vereinigten Staaten von Amerika aufgewachsen, ihm stand zumindest theoretisch schon immer die Welt offen. Bei Vitali und mir war das Gegenteil der Fall. Wir lebten in unserem kleinen sozialistischen Kosmos und sahen wenige Möglichkeiten auszubrechen. Durch den Sport öffnete sich unsere Welt überhaupt erst. Zudem schätzten wir das Boxen als eine der ältesten und ehrbarsten Sportarten. Ohne unsere Erfolge im Boxsport hätten wir es nie so weit gebracht.

Und nie im Leben wäre ich Olympiasieger geworden.

Mein Weg führte mich vom Sportinternat an die Universität, mein Hauptinteresse galt allerdings weiterhin dem Boxen. Im Frühjahr 1993 wurde ich Junioren-Europameister im Schwergewicht in Griechenland, mit 19 Jahren zog ich nach Deutschland, um für den BC Flensburg in der 1. Bundesliga zu kämpfen, im Alter von 20 wurde ich Zweiter bei den Europameisterschaften in Dänemark. Dieser Erfolg führte mich zu meinem großen Ziel: den Olympischen Spielen 1996 in Atlanta.

Seit Jahren träumte ich von einer Olympischen Medaille. Kein Schwergewichtler aus der ehemaligen UdSSR hatte jemals Gold bei den Olympischen Spielen gewonnen. Ich wollte der Erste sein! Ich wollte Olympiasieger werden.

Ich trainierte wie ein Besessener, trotzdem lief die Vorbereitung äußerst mühselig. Ich hatte eine Lebensmittelvergiftung und über Monate Bluthochdruck, ohne dass die Ärzte einen Grund finden konnten. Als ich vor dem Abflug nach Atlanta die ukrainische Fahne in Kiew auf dem Majdan tragen durfte, war ich stolz. Angesichts meiner körperlichen Verfassung schien mir die Goldmedaille allerdings in weiter Ferne. Meine innere Stimme sagte mir: »Freue dich, dass du dich qualifiziert hast. Mal schauen, ob überhaupt irgendeine Medaille drin ist.«

Trotz aller Widrigkeiten gewann ich tatsächlich den ersten Kampf. Danach sicherte ich mir die Bronzemedaille, schließlich auch Silber. »Sei stolz«, sagte mir meine innere Stimme wieder. Und setzte nach: »Da geht noch mehr.«

Mein Gegner im Kampf um die Goldmedaille war besonders stark. Allein körperlich war mir Paea Wolfgramm, ein Boxer aus Tonga, mit gut 150 Kilo deutlich überlegen. In der Nacht vor dem Kampf träumte ich, dass ich gegen ihn verlieren würde. Kein gutes Omen, denn bis dahin waren meine Träume vor Wettkämpfen immer wahr geworden.

Es sah so aus, als ob das auch dieses Mal so sein sollte. In Runde eins lag ich hinten. »Scheiß Traum«, dachte ich missmutig. Doch so kurz vor dem Ziel wollte ich nicht aufgeben. »Auf keinen Fall«, sprach ich mir Mut zu. Ich war zwar stolz auf das Erreichte, doch ich wollte mehr: »Vergiss den Traum, ich will gewinnen.« Am Ende siegte ich nach Punkten. Mein großer Wunsch war trotz einiger Herausforderungen an mich und mein Können in Erfüllung gegangen: eine Goldmedaille bei den Olympischen Spielen.

Ich konnte mein Glück kaum fassen. Mit der Medaille begann meine Profikarriere, sie öffnete mir Türen und schenkte mir neue Möglichkeiten. Doch schnell wurde auch klar, dass die Zufriedenheit nicht lange anhalten würde. Ich wollte mehr! Ich brauchte ein neues Ziel und eine neue Herausforderung:

Einen Weltmeistertitel.

Ich kann nicht sagen, dass mich zu der Zeit die Langeweile plagte. Ich hatte ein intensives Jahr mit 15 Kämpfen beim BC Flensburg in der Bundesliga hinter mir. Darauf folgte die Vorbereitung für Olympia. Nun startete ich zusammen mit Vitali als Profi in einem Boxstall in Hamburg, ebenfalls mit 15, 16 Kämpfen pro Jahr. Entweder trainierte ich auf einen Kampf hin oder ich hatte gerade einen hinter mir. Hinzu kamen Marketingauftritte und Sponsorenverpflichtungen. Nebenbei schrieb ich meine Doktorarbeit in Sportwissenschaften.

Trotzdem brauchte ich eine neue sportliche Motivation. Etwas Großes, noch nicht Dagewesenes. Zwar wusste ich damals nie, wer mein nächster Gegner sein würde, auf wen ich wann und in welcher Verfassung treffen würde. Auch ich selbst konnte mich verletzen oder krank werden. Viele Variablen, die ich nicht beeinflussen konnte. Doch statt nur auf den nächsten Schritt in meiner Karriere zu setzen, reizte es mich, mir hohe Ziele zu stecken.

Es wurde für mich immer offensichtlicher. Ich brauchte große Herausforderungen, um mich zu motivieren und um mich weiterzuentwickeln.

Kommt mir auf meinem Weg etwas dazwischen, stacheln mich die Hindernisse nur noch mehr an, an meinem Ziel festzuhalten. Das, was manche Menschen als größenwahnsinnig oder rastlos empfinden, brauche ich wie die Luft zum Atmen: eine Herausforderung nach der nächsten.

Ich bin davon überzeugt, dass diese Art zu leben viele von uns zu erfolgreicheren und glücklicheren Menschen macht. Weil es immens befriedigend ist, nach etwas zu streben. Seine Komfortzone zu verlassen. Neue, höhere Ziele zu setzen und zu erreichen. Mit Widerständen umzugehen und Erfolge bewusst zu leben. Selbstredend kann nicht jeder Weltmeister werden, doch mein Ansatz funktioniert bereits im Kleinen.

Das erlebte ich vor einer Weile, als ich mit meinem Neffen unterwegs war. Es war August, ich verbrachte ein Wochenende mit dem Jungen in Südfrankreich am Meer. Max, der Sohn meines Bruders Vitali, war mit seinen acht Jahren ein erstaunlich guter Schwimmer. Wir hatten eine lange Schnorcheltour unternommen. Als ich mit ihm in eine Grotte schwimmen wollte, stoppte er. Die dunkle Höhle wirkte wohl wenig einladend auf ihn. Zudem war es windig, das Meer unruhig, Steine versperrten die Sicht. »Ich habe Angst«, sagte Max und wollte an der Grotte vorbeischwimmen. »Wovor?«, wollte ich von ihm wissen. »Angst haben wir nur vor dem, was wir nicht kennen. Wenn wir hineinschwimmen und nachschauen, was sich drinnen befindet, werden wir sicher sehen, dass sie unbegründet ist.« Ich kannte die Stelle, weil ich schon häufiger dort entlanggeschwommen war. Es war eine harmlose Höhle in den Felsen.

Max paddelte mit seinen Flossen auf der Stelle umher. Er war hin- und hergerissen: Die Dunkelheit flößte ihm offensichtlich Respekt ein, aber ich sah, dass er es sich – und bestimmt mir auch – gerne beweisen wollte. Er guckte mich an, nahm das Vertrauen in meinem Blick wahr und gab sich einen Ruck. Wir schwammen langsam, dicht nebeneinander, in die Felshöhle.

Es bestätigte sich, was ich die Male davor erlebt hatte: Es gab nichts Besonderes in der Höhle zu sehen. Und genau darum ging es mir: Ich wollte Max zeigen, dass es gut tut, Dinge bewusst kennenzulernen. Dass es wichtig ist, seine Ängste zu verstehen, zu akzeptieren und schließlich zu überwinden. Ich war so stolz auf ihn, dass er diese Herausforderung von mir angenommen hatte und konnte sehen, dass auch er mit sich zufrieden war: »Toll, dass du dich getraut hast. Und weißt du was? Wenn wir das nächste Mal hier sind, wirst du ohne zu zögern hineinschwimmen, denn jetzt gibt es nichts Ungewisses mehr in der Grotte. Hättest du deine Angst nicht überwunden, würdest du auch in Zukunft immer einen Bogen um die Höhle machen. Ohne zu wissen, was du vielleicht verpasst.«

Der Junge strahlte und ich freute mich von Herzen. Es ist scheinbar eine so kleine Alltagsbegebenheit, doch sie hatte ihn wachsen lassen. Er hatte verstanden, dass wir vor Dingen, die uns Respekt einflößen, nicht weglaufen dürfen. Wenn wir die Herausforderung erkennen, annehmen und meistern, gewinnen wir vieles. Nicht nur die Erkenntnis, dass die Angst keine reale Grundlage hatte, sondern auch, dass wir mutiger werden, wenn wir sie überwunden haben.

Und auch ich hatte etwas gelernt: So wie ich selbst Herausforderungen brauche, genauso gerne fordere ich andere heraus.

Zusammenfassung

- Das Boxen ermöglichte mir meinen Traum: das Reisen.
- Ich lernte früh: Es lohnt sich, für meine Ziele zu kämpfen.
- Disziplin und Pflichtbewusstsein halfen auf meinem Weg.
- Physische Fitness und mentale Stärke sind *die* Voraussetzungen für nachhaltig erfolgreiches Handeln.
- Hindernisse stachelten mich an, ans Ziel zu gelangen.

2. Ergo sum: Ich weiß, wer ich bin

Ich habe dem Boxen sehr viel zu verdanken, doch eigentlich bin ich eher zufällig in den Sport hineingestolpert. Es war Vitali, der sich anfangs für das Kickboxen entschied und später für das klassische Boxen. Damit war es quasi vorgegeben, dass ich – als fünf Jahre Jüngerer – ihm nacheifern würde.

Seit ich denken kann, habe ich mich an meinem Bruder orientiert. Unsere Eltern hatten ihm schon früh die Aufgabe übertragen, auf mich aufzupassen. Ich begleitete ihn überall hin. Er war mein Aufpasser, meine Leitfigur, mein Vorbild. Und er war mein bester Freund.

Interessierte er sich für Sport, interessierte ich mich dafür. Ging er zum Training, begleitete ich ihn. Stieg er in den Ring, fieberte ich auf meinen ersten Kampf hin.

Für mich hatte es keinerlei Bedeutung, dass uns ein Altersunterschied von fünf Jahren trennte. Im Gegenteil: Ich habe aus seinen Erfahrungen gelernt. Ich beobachtete ihn und hing an seinen Lippen. »Lernt er etwas, kann ich es auch«, redete ich mir ein. Nirgends sah ich Grenzen. Auch wenn ich irgendwann erkannte: Vitali war der geborene »Fighter«, er trug die Fähigkeit als natürliche Gabe in sich. In mir schlummerte eine ähnliche Veranlagung, die viele in meiner Umgebung Talent nannten. Allerdings musste ich sie erst freilegen, und zwar mit harter Arbeit. Eine gehörige Portion Ehrgeiz unterstützte mich dabei. Später überlegten wir uns prägnante Motivationssprüche. »Born to fight«, fiel mir für Vitali ein. »Born to win«, rief er mir regelmäßig zu.

Ich wollte zu den Besten gehören, in die Liga aufsteigen, in der Vitali bereits einen Namen hatte. Am liebsten wollte ich sogar besser werden als mein Bruder. Denn würde mir das gelingen, so wusste ich, könnte ich alle schlagen.

Solange ich körperlich kleiner war als er, war mein Vorhaben aussichtslos. Trotzdem spornten wir uns gegenseitig an, motivierten und unterstützten uns. Das setzte sich fort, als wir in derselben Gewichtsklasse boxten. Wir trainierten mit-, nie gegeneinander und sahen uns nie als Konkurrenten. Einen offiziellen Kampf gegeneinander hätten wir uns niemals vorstellen können, wir wären um keinen Preis gegeneinander angetreten. Alleine schon, weil wir es unserer Mutter versprochen hatten, aus Respekt unserer Familie gegenüber.

Unseren Eltern ist es in erster Linie zu verdanken, dass uns unser Erfolg nicht zu Kopf gestiegen ist. Mein Vater hatte uns neben Disziplin und Durchhaltevermögen auch Bodenständigkeit und Respekt vorgelebt. Meine Mutter, von Beruf Lehrerin, sorgte dafür, dass wir Bildung als wichtiges Rüstzeug für das Leben verstanden.

Und so war es für uns beide selbstverständlich, dass wir trotz unseres Sports die Universität abschlossen und sogar promovierten. Etwas anderes hätten unsere Eltern wohl auch nicht akzeptiert. Wir bräuchten eine Ausbildung, um uns unseren Lebensunterhalt verdienen zu können, lautete ihre Überzeugung. Profisportler gab es in der Sowjetunion nicht und war damit kein Beruf. Darüber hinaus wurde Bildung als hohes Gut angesehen, das wertgeschätzt wurde, wo immer es verfügbar war. Diese Überzeugung stellte ich nie infrage.

Als ich mit 20 Jahren tatsächlich Profisportler wurde, arbeitete ich ganz selbstverständlich an meiner Doktorarbeit weiter. »Pädagogische Kontrolle im Sport von Kindern und Jugendlichen im Alter zwischen 14 und 19«, hieß das Thema. Es interessierte mich sehr, weil es mit meinen eigenen Erfahrungen zu tun hatte.

Einige Freunde aus meinem Internat hatten ihre Karriere beendet, bevor sie richtig begann, weil sie den physischen oder psychischen Druck nicht aushielten. Deshalb führte ich über mehrere Jahre eine Studie an meiner ehemaligen Schule durch. Fast 70 Jugendliche wurden Leistungstests unterzogen. Ich verglich die Ergebnisse miteinander. Warum scheiterten manche, während sich andere überdurchschnittlich gut schlugen? Meine Thesen stellte ich in den Mittelpunkt meiner Dissertation.

Mein Vater verfolgte mit Wohlwollen, dass ich mir die Zeit für das akademische Arbeiten nahm, neben meinen Kämpfen und dem Training. »Boxen ist doch kein Beruf«, merkte er regelmäßig an, wenn wir uns als Jugendliche über unsere Turniersiege freuten.

In gewisser Weise hatte er damit sogar Recht: Wie bei jeder anderen Sportart kommt eine Boxkarriere allenfalls als befristete Tätigkeit infrage. Jeder Athlet muss für sich entscheiden, wann es Zeit ist, die Profibühne zu verlassen. Im besten Fall geschieht das, bevor ihn eine Reihe von Niederlagen oder der eigene Körper dazu zwingt. Dass dieser Zeitpunkt allerdings weit vor dem Rentenbeginn eines gewöhnlichen Arbeitnehmers ansteht, ist jedem klar.

Ich bin froh, dass ich mir schon als aktiver Sportler vor längerer Zeit andere berufliche Standbeine aufgebaut habe: als Unternehmer, Dozent, als Stifter, um nur einige Beispiele zu nennen.

Möglich geworden ist das alles nur durch meine sportlichen Erfolge. Boxen, so habe ich es von Anfang an verstanden, ist für mich ein Instrument; ein Mittel zum Zweck. Es ist nicht die Erfüllung. Und es ist schon gar nicht die Endstation. Doch es ist immer eine Möglichkeit gewesen, meine Träume zu verwirklichen und mich weiterzuentwickeln.

Betrachte ich rückblickend meine Erfolge, aber auch meine Niederlagen im Boxen sowie jenseits davon, gibt es sieben inhaltliche Themen, die mein Handeln bestimmen. Anfangs habe ich diese Elemente aus dem Bauch heraus wie einen Filter angewendet. Nicht zufällig spiegeln sie meine Lebensanschauung und meine Art, Entscheidungen zu treffen, der vergangenen dreißig Jahre wieder.

Mir wurde es immer wichtiger, dass auch meine Mitarbeiter in meinen Unternehmen diese Motive verstanden. Deshalb haben wir sie herausgearbeitet, zusammengefasst und dokumentiert. Heute dienen sie als Filter, den das Management in meinen Firmen und Beteiligungen anwendet, um eigenverantwortlich Entscheidungen in meinem Sinne zu fällen. Er ist der rote Faden, nach dem wir Geschäftsbereiche gründen oder neue Produkte und Dienstleistungen entwickeln.

»ERGO SUM« (lat. für »Also bin ich«) steht für die sieben Elemente, diese bilden das Fundament meiner Philosophie in Kurzform. Jeder Buchstabe der zwei Worte repräsentiert ein Element. Genauso bringt der Begriff als Ganzes meine Weltanschauung zum Ausdruck: »Ergo sum« – also bin ich. Für mich ist klar, wer ich bin.

Für manche mag es abgedroschen klingen. Tatsächlich zieht sich »Ergo sum« wie ein roter Leitfaden durch mein Leben:

E – Expertise (Expertise: aus meinen Erfahrungen und der Wissenschaft)

R – Rightness (Richtigkeit: nach meinen ethisch korrekten Grundsätzen entwickelt)

G – Globalism (Globalismus: 360 Grad, nicht beschränkt, international)

O – Optimism (Optimismus: immer positiv und visionär denkend)

S – Sustainability (Nachhaltigkeit: langfristig denkend und auf die Umwelt achtend)

U – Uncomplexity (Einfachheit: einfach erklärt und einfach zu verstehen)

M – Maximum (Maximum: immer das Beste und Optimale herausholend)

E – Expertise
Expertise aus meinen Erfahrungen und der Wissenschaft

»Wissen und Erfahrungen werden wertvoller, wenn wir sie teilen«

Jeder hat und braucht Expertise, um ein Geschäft aufzubauen oder seinen Beruf gut auszuüben, das ist selbstverständlich. Für mich hat der Begriff noch eine andere Bedeutung: Ich bin seit mehr als 20 Jahren im Profisport und habe neben dem Boxen viel Wissen und Erfahrungen aus angrenzenden Bereichen gesammelt. Diese gebe ich weiter, bei allem, was ich mache. An Sportler und besonders auch an Manager, Berater oder Unternehmer. Sogar an Kinder und Jugendliche.

Zu realisieren, dass ich in den vergangenen Jahrzehnten in der Praxis weitaus mehr Wissen angehäuft habe als während meines Universitätsstudiums und meiner Doktorarbeit, hat eine Weile gedauert. Ich hatte diesen undefinierten Erfahrungsschatz immer Bauchgefühl genannt. Doch es war mehr. Ich hatte längst den Schlüssel zum Erfolg verinnerlicht. Wenn ich den Willen habe, mich durchzubeißen, und niemals aufgebe, wenn ich mir notfalls einen neuen Weg zum Ziel suche und ihn fokussiert verfolge, wenn ich mein Leben selbst in die Hand nehme und in bestimmten Bereichen auf die Expertise anderer vertraue, werde ich am Ende belohnt.

Ganz bewusst verließ ich mich erstmals im Jahr 2003 auf meine Expertise. Damals gab es kaum etwas anderes, auf das ich hätte bauen können.

Das kam so: Ich kämpfte in Hannover gegen Corrie Sanders. Über Jahre war ich es gewohnt zu gewinnen, fünf Mal konnte ich meinen Weltmeistertitel durch K.O.-Siege verteidigen. Doch dann verlor ich gegen den Südafrikaner. Der Kampf war bereits in der zweiten Runde beendet, sehr abrupt und völlig überraschend. Ich war fassungslos. Niemand hatte damit gerechnet, am allerwenigsten ich selbst. Man hatte mir wegen meiner wirkungsvollen Jabs – das sind schnelle Geraden mit meiner linken Führhand – inzwischen den Spitznamen Dr. Steelhammer gegeben. Die Presse war sich einig, dass ich mich in der besten Phase meiner Karriere befand. Auch ich fühlte mich körperlich fit und war siegesgewiss. Und dann diese Niederlage. Es fühlte sich an, als wäre ein Traktor über mein Ego gefahren.

Ein Jahr später bekam ich die Chance, den Weltmeistertitel zurückzugewinnen. Die notwendigen Aufbaukämpfe hatte ich gewonnen. Nun sollte ich in Las Vegas gegen den US-Amerikaner Lamon Brewster antreten. Ich hatte mich wie immer vorbereitet. Es lief gut für mich. Ich dominierte den Kampf zu Beginn deutlich, mein Gegner ging sogar einmal zu Boden. Doch dann wendete sich das Blatt. Am Ende verließ Brewster den Ring als Gewinner und ich wurde mit dem Verdacht auf eine Hirnblutung ins Krankenhaus eingeliefert. Es war eine kritische Situation. Mein Bruder Vitali, der den Kampf miterlebte, war außer sich vor Sorge. Doch glücklicherweise konnte ich die Klinik schon am nächsten Morgen wieder verlassen. Die Diagnose hatte sich nicht bestätigt. Ich war körperlich schnell wieder fit. Mental jedoch war ich am Boden.

Die Folgen dieser Niederlagen waren dramatisch. »Das war's dann jetzt wohl mit dem Boxen«, sagte Vitali zu mir. Zweimal deutlich verloren – für ihn war es ein unübersehbares Zeichen aufzuhören und meine Karriere zu beenden. Ich war erschüttert. So schnell wollte er mich abschreiben? Immer wieder sprach er mit mir, äußerte seine Sorgen und riet mir, die Boxhandschuhe an den Nagel zu hängen. Das ging über Wochen und Monate so. Selbst im Trainingscamp vor meinem nächsten Kampf kritisierte er mich laut und deutlich. Er redete mir beim Training ständig dazwischen. Irgendwann platzte mir der Kragen. Wir stritten fürchterlich. Fast wurde der Konflikt körperlich, sodass ich ihn schließlich rauswarf. Es war der erste richtig laute Streit zwischen uns und ich erteilte ihm im Trainingscamp Hausverbot.

Das war nicht leicht für mich und schon gar nicht für Vitali. Wer mag schon von seinem kleinen Bruder rüde in die Schranken verwiesen werden? Es gab jedoch keine Alternative für mich. Ich stand mit dem Rücken zur Wand. Ich war bereit, auch steinige Wege zu gehen.

Und nicht nur Vitali schrieb mich ab: Als ich meinen nächsten Kampf nur leidlich gewann, verabschiedete sich der gerade erst gewonnene TV-Sender Premiere von mir. Sie hatten kein Interesse an einer weiteren Übertragung. Zuvor waren wir im renommierten US-Magazin *People* portraitiert worden. Wir hatten Gespräche mit Produzenten in Hollywood geführt, weil sie uns für kleinere Rollen gewinnen wollten. Es hatte so ausgesehen, als ständen uns alle Türen auch in den USA offen. Und auf einmal interessierte sich niemand mehr für mich. Die Medien schrieben mich ab. Komplett.

Und mehr noch: Ich hatte mich kurz davor von meinem langjährigen Trainer Fritz Sdunek getrennt. Zudem waren Vitali und ich nach vielen Jahren – wenn auch aus freien Stücken – bei unserem Box-Promoter Universum ausgestiegen.

Ich stand alleine da.

So gut wie alle Wegbegleiter wandten sich ab. Alles Negative war zusammengekommen. Doch dass mein Bruder nicht mehr an meine Fähigkeiten glaubte, lastete besonders schwer auf mir. Ihm wollte ich schließlich beweisen, dass ich der bessere Boxer bin. Nun war er Weltmeister und ich der Verlierer. Zum ersten Mal in meinem Leben war ich enorm demotiviert und verzweifelt.

Im Nachhinein klingt es vielleicht merkwürdig: Jahrelang erfolgreich und dann genügen zwei Niederlagen, um ein erprobtes Erfolgssystem ins Wanken zu bringen? Ja, so ist es im Boxsport. Der Erfolg in dem Sport ist extrem kurzlebig. Ein einziger Kampf entscheidet über einen Weltmeistertitel der vier großen Boxverbände. Anders als im Tennis gibt es keine einheitliche Rangliste, auf der man sich auf- oder abwärtsbewegt und auch trotz Niederlagen die Position halbwegs gehalten wird. Hop oder top heißt es beim Boxen, bei jedem Kampf aufs Neue. Ist der Weltmeistertitel weg, kann auch das Interesse eines TV-Senders ganz schnell erlöschen. Und mit ihm das der Sponsoren. Sich dann zurückzukämpfen, kann extrem schwierig sein.

Allerdings hatten meine Niederlagen auch ihr Gutes: Sie brachten mich zu der Erkenntnis, dass meine Karriere endlich ist. Das hatte ich mir vorher nicht einmal im Traum vorstellen können. Nicht im Alter von 28 Jahren! »Niemals lass ich mir von Niederlagen das Ende vorschreiben«, sagte ich mir, und rappelte mich auf. »Jetzt erst recht!«

Von da an stellte ich mein Profileben auf den Kopf und machte alles anders: Bis zu diesem Punkt waren es die Promoter und andere Verantwortliche unseres Boxstalls, die 98 Prozent unseres Sportleralltags vorgaben. Sie bestimmten den Trainer. Sie kümmerten sich um Ernährung, Trainingsmöglichkeiten und Unterkunft. Sie wählten die Gegner, Ort und Termin der Kämpfe aus. Sie verhandelten sogar unsere Werbeverträge. Ohne jemals Rücksprache mit uns zu halten. Bis zu einem gewissen Grad war das angenehm, weil wir uns voll auf den Sport konzentrieren konnten. Allerdings degradierte uns die Art und Weise zu willenlosen Kampfmaschinen ohne jedes Mitspracherecht.

Das wollte ich jetzt ändern, sogar gegen den Willen meines so geschätzten und geliebten Bruders. Schließlich hatte er mich abgeschrieben und mir den Rücktritt nahegelegt.

Im Nachhinein weiß ich, dass viele aus meinem Umfeld mich für einen arroganten, verärgerten und beratungsresistenten »Pinsel« hielten. Viel zu selbstbewusst, weil ich nicht mehr bereit war, zuzuhören. Doch ich machte, was ich für richtig hielt: Ich hörte auf meinen Bauch und verließ mich auf meine Erfahrungen und mein Wissen, das ich über die Jahre gesammelt hatte. Auf meine Expertise. Ich war so davon überzeugt, dass ich sogar den Bruch mit meinem Bruder in Kauf nahm.

Geholfen hat mir neben meinem starken Willen eine Fähigkeit, die ich schon immer hatte. Mit meiner Überzeugungskraft gewann ich Menschen für mich, die ich brauchte. Ich schaffte es, Emanuel Steward – damals eine Art Boxguru – als dauerhaften Trainer auf meine Seite zu ziehen.

Genauso wie Bernd Bönte, einen ehemaligen TV-Journalisten und sehr erfahrenen und erfolgreichen Vermarktungs- und Boxsportprofi, der schon vorher mit mir arbeitete. Er glaubte an mich und schenkte mir sein hundertprozentiges Vertrauen. Er ist seitdem nicht mehr von meiner Seite gewichen, und wir arbeiten noch heute zusammen. Ich stellte einen eigenen Koch ein – das machte damals niemand –, verpflichtete einen Physiotherapeuten, der weitaus weniger Erfahrung als seine Kollegen im Boxgeschäft hatte, in dem ich aber enorm viel Potenzial sah, und beauftragte sogar einen eigenen Cut Man für die Kämpfe. Auch das war ein Novum in der Szene. Ich holte die Besten, die es gab.

Auch die Art der Zusammenarbeit änderte sich: Mit Emanuel Steward beschäftigte ich zwar einen der versiertesten Trainer. Trotzdem wollte ich die Vorbereitung auf die Kämpfe nicht an ihn delegieren und komplett aus der Hand geben, wie es sonst üblich ist. Ich erarbeitete mit ihm zusammen meine Strategie, machte die Trainingspläne, bestimmte Dauer und Häufigkeit. Er kümmerte sich um das Boxerische im Ring. Anfangs war das für ihn ungewohnt, doch er war Profi genug, um sich darauf einzulassen. »Im Training mit Wladimir geht es nicht ums Boxen«, sagte er einmal im Interview, »sondern um Taktik. Mit ihm wird der Boxsport zum Schach.«

Und es stimmt: Ich verwende noch heute sehr viel Zeit, um meinen Gegner zu studieren und zu analysieren. Weil ich es psychologisch wichtig finde und weil ich mein Training haarklein darauf abstimme.

Doch die größte Veränderung lief damals im Hintergrund ab. Nachdem wir den Vertrag mit unserem »Boxstall«, wie es in Deutschland despektierlich heißt, obwohl das bessere Wort eigentlich »Promoter« ist, gekündigt hatten, lagen die Organisation unserer Kämpfe und die Vermarktung nun in den Händen von mir und meinem Bruder. Bereits 2003 hatten wir vorausschauend K2 Promotions gegründet. Doch es war bislang nicht mehr als eine organisatorische Hülle. »Sollen wir das wirklich machen?«, hatte Vitali anfangs zweifelnd gefragt. »Ist der Aufwand nicht zu groß?« Gemeinsam kamen wir zu der Überzeugung: »Das schaffen wir!« Wir beschlossen, den Vertrag mit unserem langjährigen Promoter nicht zu verlängern. Wir waren überzeugt davon, dass wir es selbst besser machen konnten. Vitali als amtierender Weltmeister, ich als hungriger Herausforderer.

Wir begannen, K2 als Promotion-Firma mit Leben zu füllen. Gemeinsam mit Bernd Bönte suchten wir uns mit Sportfive, einem Hamburger Sportrechtevermarkter, einen Partner, der uns unterstützte. Die Entscheidungshoheit über die Gegner, die Anzahl der Kämpfe und auch über unsere Werbepartner blieb hingegen bei uns.

Das alles bedeutete ein finanzielles Risiko für mich. Vitali verkündete Ende 2004 seinen vorläufigen Rücktritt. Zahlreiche Verletzungen zwangen ihn dazu, fast vier Jahre lang zu pausieren. Viele Entscheidungen und die Verantwortung lasteten nun auf meinen Schultern. Allerdings bremste mich das in keiner Weise. Mein Ziel war, meine Weltmeistertitel zurückzuerobern und es all denen zu beweisen, die mich abgeschrieben hatten. Allen voran meinem Bruder. Er war immer mein Vorbild gewesen. Nach unserem großen Streit im Trainingscamp hatten wir uns voneinander abgegrenzt. Damit hatte ich ihm zwar noch nicht bewiesen, dass ich der bessere Boxer war. Ich hatte ihm allerdings gezeigt, dass ich alle meine Ziele erreichen kann, wenn ich die bewegende Kraft bin. Und wenn ich mich nicht kopflos in etwas hineinstürze, sondern mich motiviere mit der bestmöglichen Vorbereitung und all meiner verfügbaren Expertise.

Glücklicherweise wurde mein Glaube an mich belohnt. Ich gewann den nächsten Kampf und von da ging es stetig bergauf. Bis ich die Nummer eins in mehreren Boxverbänden war.

Damit war klar: Ich kann mich auf meine Erfahrungen verlassen. Sie sind zum Wegweiser geworden, der mich führt. Sie zeigen mir, welche Entscheidung ich gegebenenfalls nochmal hinterfragen muss, um meinen Pfad aus Überzeugung gehen zu können. Damit ich gut und nachhaltig hinter meinen Entscheidungen stehen kann.

Ich habe verstanden, dass ich nicht nur boxen kann, sondern auch in der Lage bin, mein Wissen auf andere Bereiche zu transferieren und so unternehmerisch zu denken und zu handeln. Mit deutlich mehr Expertise, als mir vorher bewusst war. Ich trage einen großen Schatz an Wissen und Erfahrungen in mir, die ich nur abzurufen brauche. Die nächsten Jahre sollen zeigen, dass ich diese Expertise nicht nur ins Unternehmertum übertragen kann, sondern noch in ganz andere Bereiche.

R – Rightness
Richtigkeit nach meinen ethisch korrekten Grundsätzen entwickelt

»Durch ethisch korrektes Verhalten Vorbild sein«

Dem Boxsport haftete zum Start meiner Profikarriere ein Image an, das nur selten von Fairness und Respekt geprägt war. Interessanterweise war das hauptsächlich in Deutschland so. Das Interesse und das Image des Boxens waren in England oder den USA gänzlich anders. Vitali und ich fanden das sehr schade und völlig unverständlich. Boxen gehört zu den ältesten olympischen Sportarten überhaupt. Wir wollten den guten Ruf wiederherstellen.

Ethisch korrektes Handeln, Gerechtigkeit und Toleranz gehörten genauso wie Fairness und Respekt zu den Werten, die wir von zu Hause mitbekommen hatten. Für uns war es selbstverständlich, diese Werte in den Sport zu tragen und uns nicht anzupassen. Wir wollten den Ruf des Boxens auch durch unser Auftreten und unser Verhalten aufwerten.

Beschimpfte mich beispielsweise mein künftiger Gegner und versuchte, mich mit Beleidigungen aus der Fassung zu bringen, wahrte ich den guten Ton. Ich hielt und halte auch heute nichts davon, Gerüchte in Umlauf zu bringen, nur um einen Sportler zu demoralisieren. Denn der Boxkampf findet im Ring statt, nicht auf Pressekonferenzen oder in der Boulevardpresse.

Die Überzeugung, dass wir aufrecht, ehrlich und offen durch das Leben gehen und uns so auch gegenseitig behandeln sollten, steckt tief in mir. Das zeigte sich bereits am Anfang meiner Laufbahn, als ich mit 19 in Flensburg in der Bundesliga boxte. Mein Verein hatte damals zwei Showkämpfe gegen die ukrainische Nationalstaffel organisiert, für die auch Vitali antrat. Meine Landsleute waren mit dem Bus aus Kiew gekommen, und wir saßen zusammen im Zug Richtung Nordsee, wo die Wettkämpfe stattfinden sollten. Der Trainer informierte uns über den Ablauf und teilte mich für den BC Flensburg und Vitali für die ukrainische Nationalstaffel als Gegner im Schwergewicht ein.

Das kam für uns jedoch überhaupt nicht infrage. Wir hatten unserer Mutter das Versprechen gegeben, niemals gegeneinander zu kämpfen.

Wir hielten uns daran. Etwas anderes hätten wir nie in Betracht gezogen. Sowohl mein Trainer als auch der Sponsor versuchten, uns umzustimmen, jedoch ohne Erfolg. »Es ist doch nur ein Showkampf«, sagten sie. Auch beim Showkampf müssen wir die Fäuste gegeneinander erheben, antworteten wir. »Ihr braucht doch nur so zu tun, als ob«, versuchten sie es. Doch das wollten wir genauso wenig. »Dann würden wir das Publikum betrügen«, sagten wir. Glücklicherweise akzeptierten sie unseren Entschluss und ließen uns gegen den jeweiligen Halbschwergewichtler antreten.

Unaufrichtigkeit, zwielichtiges Verhalten oder gar Kriminalität sind nichts, was jemals für mich infrage kam. Dabei hatte es in meinen Jugendjahren nach dem Zusammenbruch der Sowjetunion Anfang der 1990er Jahre durchaus Versuchungen gegeben. Die Zeiten waren schwierig. Viele der ohnehin knappen Güter wie Lebensmittel, Kleidung, Autos, Alkohol oder Tabak wurden noch knapper. Menschen, die ihr Geld durch rechtschaffene Arbeit verdienten, wurden nicht mehr automatisch entlohnt wie im sowjetischen System. Einige hatten nicht einmal das Nötigste, um sich und ihre Familien durchzubringen.

Wie immer, wenn sich ein Land im Umbruch befindet und sich die politische und wirtschaftliche Ordnung erst finden muss, entstanden auch bei uns kriminelle Strukturen. Das führte dazu, dass einige meiner ehemaligen Mitschüler auf undurchsichtigen Wegen sehr schnell ziemlich reich wurden. Zugleich bekam ich mit, dass starke, selbstbewusste junge Männer – Sportler wie mein Bruder und ich – sich in kriminellen Kreisen bewegten. Uns wurden zweifelhafte Angebote unterbreitet, die für einen kurzen Moment einen Nervenkitzel darstellten, uns jedoch nie ernsthaft in Versuchung brachten. Ich spielte zu keiner Zeit mit dem Gedanken, den geraden Weg zu verlassen und die Werte meiner Familie über Bord zu werfen.

Es war vor allem der Sport, der mich standhaft bleiben ließ. Durch das Sportinternat und das spätere Sportstudium war ich zeitlich so eingebunden und zugleich abgelenkt. Ich hatte klare sportliche Ziele und als Highlights regelmäßige Auslandsreisen, sodass ich mit meinem Leben zufrieden war. Ich erinnere mich an meine Vorbereitung auf die Olympischen Spiele 1996: Ich war in Kiew und trainierte nach meiner Bundesligasaison in Deutschland für das große Ereignis in Atlanta. Ich tat mich schwer, weil ich eine Lebensmittelvergiftung hinter mir hatte und mehrere Monate unter Bluthochdruck litt. Dennoch gab ich alles und arbeitete wie besessen daran, fit zu werden. Mein damaliger Trainer setzte mich an einer Ausfallstraße von Kiew aus, damit ich an meiner Ausdauer arbeitete. Ich lief 20 Kilometer entlang der Straße zurück in die Stadt. Angesichts meiner gesundheitlichen Konstitution quälte ich mich ziemlich. Auf der Strecke überholten mich mehrere meiner ehemaligen Mitschüler, die in teuren Autos saßen und bei heruntergekurbeltem Fenster überhebliche Sprüche und Handzeichen machten. Offensichtlich waren sie auf unbekannten Wegen zu Geld gekommen und verfügten über Verbindungen, um an diese für uns unerschwinglichen Nobelkarossen zu gelangen.

Ich konnte die Situation nur schwer ertragen. Ich arbeitete seit Jahren hart an meiner sportlichen Laufbahn, genauso wie an meinem schulischen Werdegang. Und nun passierten mich diese Gleichaltrigen in teuren Wagen und hatten mich zumindest in materieller Hinsicht überholt?

Eines Tages, so schwor ich mir, würde ich es schaffen. Dann würde ich mir auch ein modernes Auto leisten können, ohne krumme Dinger drehen zu müssen. Mir, so war ich überzeugt, würde es auf korrektem Weg gelingen.

Ich gebe zu, dass es eine Weile gedauert hat, bis sich dieser Frust gelegt hat, mir sogar egal wurde, wie andere zu Geld kamen und ich so gutes von schlechtem Verhalten eindeutig unterscheiden lernte. Meine Eltern haben mir und meinem Bruder zwar immer vorgelebt, was es bedeutet, die Wahrheit zu sagen und sich moralisch richtig zu verhalten. Unsere Umgebung – egal, wo mein Vater damals stationiert war, ob in Kiew oder in Kasachstan, Kirgistan oder der Tschechoslowakei – war jedoch ideologisch gefärbt und so nur bedingt dem ethisch korrekten Verhalten verpflichtet.

Wir wurden in der Grundschule bereits angehalten, andere Kinder zu verpfeifen, die sich nicht im Sinne des Kommunismus verhielten. Auch sollten wir uns für jede Kleinigkeit bei »Onkel Lenin« entschuldigen. Und sei es, dass wir nur mal unsere Hausaufgaben vergessen hatten.

Dass die Machthaber eine regelrechte Gehirnwäsche durchführten, erkannte ich als Jugendlicher. Als Vitali beispielsweise von seiner ersten USA-Reise mit der Nationalmannschaft zurückkam und total begeistert von den Städten, Sporthallen, Einkaufszentren und dortigen Produkten berichtete, war die typische Reaktion bei uns: »Vitali, du glaubst doch nicht im Ernst, dass die dort so leben? Das ist alles eine Show, die sie extra für dich aufgebaut und inszeniert haben. Wie die Potemkinschen Dörfer.« Mit zunehmendem Alter wurde mir immer klarer, dass bei uns in der Bevölkerung gezielt Fehlinformationen und Unwahrheiten verbreitet wurden. Ich verstand, dass diese Propaganda zum Selbstverständnis des Kommunismus gehörte und entschied mich, diese Gesinnung nicht zu teilen. Unter anderem auch, weil ich als Sportler eine andere Seite der Medaille sah. Im Sinne des Olympischen Gedankens wollte ich andere Menschen, andere Völker und Länder kennenlernen und wertschätzen – völlig ungeachtet der politischen Systeme, in denen sie lebten.

Ich erinnere mich an eine Begebenheit, der ich damals keine große Bedeutung beimaß, die jedoch wunderbar veranschaulicht, wie unsere Eltern meinem Bruder und mir ihre Werte vorlebten. Wir wohnten in der Tschechoslowakei. Mein Vater war im Norden des Landes stationiert. Ich muss etwa acht Jahre alt gewesen sein. An einem Nachmittag war ich mit ihm in der Umgebung unterwegs, und wir trafen einen Tschechen auf seinem Moped, der dringend Benzin brauchte.

Sowjets waren damals nicht sehr beliebt in der Gegend. Wir waren aufgrund des Militärfahrzeugs meines Vaters eindeutig zu erkennen und dennoch sprach er uns an und bat uns um Hilfe. Ohne zu zögern, zapfte mein Vater etwas Benzin aus seinem Tank ab und überließ es dem Mopedfahrer. Als dieser für den Treibstoff bezahlen wollte, lehnte mein Vater dankend ab. Aus einem einfachen Grund: Er wollte sich nicht an Dingen bereichern, die ihm nicht gehörten. Schließlich war er mit einem Dienstfahrzeug unterwegs. Außerdem war es ihm ein Anliegen, dem Tschechen zu helfen. Ganz ohne Gegenleistung.

Ich weiß noch, wie sehr ich mich freute, dass mein Vater dem Tschechen das Benzin schenkte, gerade weil wir Russen keinen guten Ruf in dem Land hatten. Ich war stolz, weil er unserem schlechten Image etwas entgegensetzte und weil er das Richtige tat.

G – Globalism
Globalismus als global orientierte, ganzheitliche Denk- und Handlungsweise

»Reisen ist die beste Universität des Lebens«

Ich verstehe mich als Weltenbürger: Als Privatperson will ich reisen dürfen, wohin ich möchte. Als Sportler Kämpfe austragen, wo es mir sinnvoll erscheint. Als Unternehmer Geschäfte machen, wo sich Möglichkeiten ergeben und als Vordenker mein Wissen dort teilen, wo ich die besten Rahmenbedingungen vorfinde. Meine Offenheit und diese Geisteshaltung bringen mich in zahlreiche Länder, von Deutschland und der Schweiz nach Großbritannien, von der Ukraine in die USA.

Doch bis hier hin war es ein weiter Weg. Als Kind der Sowjetunion lebte ich in einer begrenzten Welt. Reisen war nichts, was die Menschen in meiner Umgebung taten, geschweige denn durften. Nicht in die angrenzenden Länder und schon gar nicht ins westliche Ausland. Das war nur ganz Wenigen vorbehalten.

Dieser Umstand machte mich schon als Kind neugierig. Ich wollte wissen, wie die Welt jenseits unserer Stadt- und Landesgrenzen aussah. Schon ganz früh spürte ich eine Art Fernweh. Ich wollte über meinen Tellerrand hinausblicken und wissen, wie die Menschen auf der anderen Seite des Globus leben. Raus aus meiner beschränkten Welt, um einen besseren Über- und Weitblick zu erlangen. Wohl auch deshalb liebte ich es, *Robinson Crusoe* von Daniel Defoe immer und immer wieder zu lesen.

Sicherlich gehörte meine Familie damals schon zu den Privilegierten unserer Zeit. Durch die Tätigkeit meines Vaters bei den sowjetischen Streitkräften zogen wir regelmäßig um. Eigentlich waren wir ständig unterwegs: Ich wurde in Kasachstan geboren. Als ich sechs war, wurde mein Vater in die Tschechoslowakei versetzt. Innerhalb von vier Jahren besuchte ich dort zwei verschiedene Schulen. 1986, ich feierte in dem Jahr meinen zehnten Geburtstag, zogen wir nach Kiew. Vier Jahre später startete ich in einem Sportinternat.

Von da an begann ich, tatsächlich die Welt zu bereisen. Meine Internatskameraden und ich waren kreuz und quer in der Sowjetunion unterwegs, später in den Ostblockstaaten und auch im Westen.

Mit 15 war ich zum ersten Mal bei Länderkämpfen in Deutschland, in Trier und Konz. Ohne meine Familie, nur mit Sportkollegen und den Betreuern. Ich habe alles sehr bewusst wahrgenommen. Es waren Kleinigkeiten, die mich faszinierten. Farben, Formen, Gerüche … Alles war anders.

Ich brauche mich nur zurückzuversetzen in die Zeit, und ich weiß wieder, warum mich das so beeindruckte. In der Sowjetunion war damals alles gleichförmig und farblos, überwiegend grau und schwarz. Alle hatten die gleichen Kleider an, die gleichen Schuhe. Wer ein Auto hatte, fuhr dasselbe Modell wie sein Nachbar. Wir wohnten in gleich aussehenden Wohnungen. Wir Kinder gingen in die gleichen Schulen, saßen auf den gleichen Stühlen, nutzten die gleichen Notizbücher. Alles ähnelte sich. Es war ein großer Einheitsbrei, ohne jegliche individuelle Note. Sogar das Brot, das wir aßen, sah überall gleich aus: Die drei erhältlichen Brotsorten waren weiß, grau und schwarz. Egal, ob in Nowosibirsk in Sibirien oder in Kiew. Das frustrierte mich.

Im Westen wusste ich gar nicht, wo ich zuerst hingucken sollte. Insbesondere Farben zogen mich an. Wann immer zu den Mahlzeiten Orangensaft serviert wurde, griff ich zu. Ich konnte gar nicht genug davon kriegen. Weil er mir schmeckte, und weil er mir ein Gefühl von Internationalität vermittelte. Bei uns zu Hause gab es ein solches Getränk nicht.

Oder ich erinnere mich an den knallgelben Walkman, den der Elektronikkonzern Sony damals auf den Markt gebracht hatte. Was für ein cooler, handlicher Kassettenrekorder mit Kopfhörern. Viele westliche Sportler nutzten ihn, sei es beim Joggen oder in den Trainingspausen. Ich war begeistert.

Mehr noch beeindruckten mich die westlichen Autos. Wie modern sie aussahen! In so vielen unterschiedlichen Formen und Farben, kein Vergleich zu unseren Modellen. Und nahezu jeder Erwachsene schien eines zu besitzen.

Für mich war die Reise nach Deutschland wie eine Reise in die Zukunft. Entsprechend fühlte ich mich in die Vergangenheit zurückversetzt, als ich zurück nach Hause kam. Die Sowjetunion war damals zwar führend auf manchen Forschungsgebieten. Wir konnten ins All fliegen oder Atomwaffen bauen. Der Alltag der gewöhnlichen Menschen hingegen war eher rückständig.

Ich wünschte mir, dem tristen Einerlei möglichst häufig zu entkommen und noch viel mehr von der Welt zu sehen. Allerdings waren es nicht nur die Produkte oder Designs, die mir gefielen. Ich wollte die Menschen kennenlernen und mich mit ihnen austauschen. Wie lebten sie, was bewegte sie, woran hatten sie Spaß und inwiefern unterschieden sich ihre Sorgen von unseren? Anfangs war das aufgrund der sprachlichen Barriere schwierig, aber wer den Kontakt will, findet Mittel und Wege der Kommunikation.

Als ich mit 19 Jahren dauerhaft nach Deutschland kam, kam ich ziemlich schnell mit der Sprache zurecht. Keine Frage, ich habe heute noch einen Akzent und manchmal Schwierigkeiten mit der Aussprache bestimmter Wörter. Mir war es jedoch sehr wichtig, mich zu verständigen und mit den Menschen auszutauschen.

Es bewahrheitete sich, was ich mir vorgestellt hatte: Der Boxsport ermöglichte es mir, andere Gegenden, Länder und Kulturen kennenzulernen. Ich lernte vieles, was meine Altersgenossen zu Hause über Jahre nicht sehen oder erleben würden. Meine Erlebnisse unterwegs halfen mir nicht nur, den Alltag und die Realität in der UdSSR ganz anders einzuschätzen als sie. Sie eröffneten mir auch viele neue Möglichkeiten und bereicherten mich enorm.

Dabei war das Reisen selbst manchmal recht beschwerlich. Mit Luxus oder Komfort hatte es in den ersten Jahren wenig zu tun. All unsere Ziele steuerten wir in einem alten Omnibus an. Wir übernachteten in einfachen Unterkünften. Manchmal waren wir tagelang unterwegs, um für einen Boxkampf in den Ring zu steigen. Mir machte das nicht das Geringste aus. Genau genommen nahm ich es nicht einmal wahr. Ich liebte es, aus meiner gewohnten Umgebung rauszukommen. Reisen, kann ich im Rückblick sagen, ist die beste Universität des Lebens.

Als ich für die Olympischen Spiele nach Atlanta in die USA reiste, ging mein größter Wunsch in Erfüllung. Zum einen, weil der Anlass so einzigartig war, jedoch auch, weil ich zum ersten Mal auf den nordamerikanischen Kontinent flog. Mit dem Start meiner Profikarriere war ich dann noch häufiger und weiter unterwegs: Ich besuchte Hongkong, flog zum Snowboarden in die Rocky Mountains und machte den ersten Urlaub mit meinen Eltern und Vitali außerhalb der Sowjetunion: auf Gran Canaria. Wir Brüder brachten uns dort das Kitesurfen bei.

Möglich geworden ist das nur, weil wir uns in unserer Jugend für das Boxen entschieden hatten. Weil wir erfolgreich in dem waren, woran wir glaubten.

Noch etwas verbinde ich mit »Globalism«: eine ganzheitliche Denk-, Handlungs- und 360-Grad-Betrachtungsweise. Ich war immer schon wissbegierig. Wenn ich etwas nicht verstand, suchte ich mir jemanden, der es mir erklären konnte, bis ich alles bis in das letzte Detail kapiert hatte. Das ist heute noch so. Ich liebe es, mit Menschen, die in bestimmten Themen mehr Wissen haben als ich, zu diskutieren. Ihre Denkweise zu verstehen und von ihnen zu lernen. Wenn mich ein Thema vereinnahmt, bilde ich mich mit Büchern oder online weiter. Auf diese Weise versuche ich, inhaltlich weiterzukommen und zu lernen. Auch die verschiedenen Ebenen und Blickwinkel eines Sachverhalts aufgrund meines Wissens wahrzunehmen und, wo möglich, miteinander zu verbinden. Das erfüllt mich.

Auch Reisen war dafür ein guter Lehrer, ebenso die endlosen Schachpartien mit meinem Bruder: Setz dich auf den Stuhl deines Gegenübers. Was sieht er, was du in dem Moment vielleicht nicht siehst? Vielleicht beschäftigst du dich viel zu sehr mit dir selbst und übersiehst etwas ganz Offensichtliches. Die Kunst liegt darin, sich in seinen Gegner hineinzuversetzen. Um seinen Zug zu erahnen und entsprechend zu agieren.

Dieses Verhalten übertrage ich auch auf andere Bereiche. Bei allem, was ich mache, denke ich vorher über die Konsequenzen nach. Welcher zweite Schritt wird durch den ersten Schritt ausgelöst? Stehe ich etwa vor einer Verhandlung, versetze ich mich in mein Gegenüber. Was ist sein Ziel? Welchen Druck hat er womöglich, wo ist seine Schmerzgrenze und wo gibt es sogenannte Win-win-Möglichkeiten? Konzentriere ich mich hier nur auf mich selbst, werde ich mit großer Wahrscheinlichkeit keine optimale Lösung finden.

Eine 360-Grad-Betrachtungsweise lässt sich an vielen Beispielen festmachen. Voraussetzung für alle Begebenheiten ist, dass wir nicht im Affekt handeln und uns auf einen einzigen Aspekt konzentrieren, sondern mehrdimensional denken und handeln, und uns zuvor die Konsequenzen immer bewusst machen.

Optimismus: immer positiv und visionär denkend

»Ich kenne keine Probleme«

Ich bin ein durch und durch optimistischer Mensch. Egal, worum es geht, ich sehe immer zuerst das Positive an einer Sache, bevor ich Nachteile überhaupt bemerke. Ich schätze eine gewisse Leichtigkeit und lasse schlechte Laune oder Schwermut möglichst gar nicht zu. Ich umgebe mich am liebsten mit fröhlichen, gut gelaunten Menschen, die lösungsorientiert sind. Um Nörgler oder Missmutige mache ich einen großen Bogen.

Selbstredend heißt das nicht, dass schlechte Nachrichten nicht auch bei mir für nachdenkliche Stimmung sorgen. Ich bin dann gerne alleine, ganz für mich, um mich zu sortieren. Im Geiste nehme ich eine sogenannte SWOT-Analyse vor: Ich beschäftige mich mit meinen Stärken und Schwächen und halte mir Chancen und Risiken vor Augen. Daraus leite ich meine Marschroute ab. Ich tue den aufkommenden Hindernissen niemals den Gefallen, mich von ihnen stoppen zu lassen. Im Gegenteil: Als Sportler sehe ich sie immer als Herausforderung und es reizt mich, sie zu meistern. Am liebsten mit einer stetig wachsenden Vorfreude, weil ich mir und der Welt beweisen kann, dass mich nichts so leicht von meinem Weg abbringen lässt.

Als ich damals auf dem Höhepunkt meiner Karriere gleich zweimal hintereinander Boxkämpfe verlor, war das zwar äußerst bitter, doch ich zog meine Lehren daraus und versuchte, zielstrebig meine Weltmeistertitel zurückzuerobern. Treffe ich im Geschäftsleben eine Fehlentscheidung, analysiere ich die Situation zusammen mit meinem Team. Ich mache meine Hausaufgaben, so nenne ich das, und versuche, gestärkt aus der Situation hervorzugehen. Positiv gestimmt, optimistisch und zuversichtlich, im besten Falle visionär.

Mein Optimismus ist dabei nicht aus Niederlagen entstanden, sondern aus der Erfahrung hervorgegangen, dass ich mit einer negativen Einstellung sehr viel weniger erreiche. Es ist eine grundsätzliche Entscheidung, ob ich positiv an Dinge herangehe und dadurch auch andere anstecke. Ich habe mich vor langer Zeit erst un-, dann sehr bewusst dazu entschieden, nicht zur Sorte der Nörgler zu gehören. Dafür ist mir meine Zeit zu schade.

Mitbekommen habe ich diese Lebenseinstellung wohl von meiner Familie väterlicherseits. Mein Vater war bis zu seinem Tod im Sommer 2011 ein unerschütterlicher Optimist. Trotz seiner langjährigen Krebserkrankung war er lebensfroh und zuversichtlich. Seine Mutter, als Holocaustüberlebende in schweren Zeiten aufgewachsen, hatte Zeit ihres Lebens den Schalk im Nacken.

Ich war noch ganz klein, als ich häufig mit dem sogenannten Militärhumor aus der Umgebung meines Vaters in Berührung kam. Weil meine Eltern beide arbeiteten und es keine Kita gab, in die ich hätte gehen können, nahm mich mein Vater manchmal mit zur Arbeit. Dort passten dann Soldaten auf mich auf. Sie waren meine Babysitter.

Weil ich mit drei Jahren noch immer nicht sprechen konnte – ich verbrachte viel Zeit alleine zu Hause, das war damals nichts Ungewöhnliches, jedoch für meine Sprachentwicklung nicht förderlich –, zogen sie mich damit auf. An einem Nachmittag versuchten sie mich zum Sprechen zu motivieren, indem sie mir Schimpfwörter vorsagten. Es war eine Art Wettbewerb unter ihnen, mir das erste Wort zu entlocken.

Tatsächlich funktionierte es irgendwann: Ein Ausdruck, es war eine unschöne Bezeichnung für eine Frau, blieb in meinem Ohr hängen, und ich schaffte es, den Begriff nachzusprechen. Die Männer waren außer sich vor Freude. Weil ich dachte, ich hätte es besonders gut gemacht, war ich sehr stolz. So stolz, dass ich das Wort fortan wiederholte und nicht mehr aufhören wollte. Was zu noch größerem Gelächter bei den Männern führte.

Als mein Vater später dazukam, um mich abzuholen, war er weniger begeistert. Lauthals äußerte er seinen Unmut gegenüber den Soldaten. Mir war das egal. Ich hatte nur noch eines im Sinn und war damit beschäftigt, das Schimpfwort zu wiederholen. Bald weigerte Vitali sich, mit mir das Haus zu verlassen und auf mich aufzupassen. Er war völlig genervt, es war ihm peinlich. Auch meine Eltern verloren zunehmend die Geduld.

Es war meine Oma, die eine Lösung hatte. Sie sagte mir, dass es schlecht ist, Schimpfwörter zu benutzen und dass diese bestraft und vernichtet werden müssten, damit sie »verschwinden«. Wir überlegten gemeinsam, wie wir dem verbotenen Wort zu Leibe rücken konnten und probierten alle Methoden aus. Anfangs spuckte ich den Begriff in einen Kochtopf und wir stellten ihn auf den Herd, um das Wort verkochen zu lassen.

Weil das nichts half, gaben wir es in eine Pfanne und brieten es heiß an. Schließlich warfen wir es in den Ofen, um es komplett zu verbrennen. Zu guter Letzt legten wir es unserem Hund zum Fressen hin, damit es endlich aus meinem Sprachgebrauch verschwinden möge. Zum Segen aller hatten wir mit dieser langatmigen Prozedur Erfolg.

Es dauerte, bis ich aufhörte zu fluchen. Mir ist der Heidenspaß im Kopf hängengeblieben, den ich damals mit meiner Großmutter hatte. Während alle anderen genervt waren, ging sie das Problem mit Leichtigkeit und Humor an. Bei einem Dreijährigen wie mir war es wohl ohnehin der erfolgversprechendste Weg.

Die Soldaten hörten nach dieser Episode auf, mir Schimpfwörter vorzusagen. Sie versorgten mich allerdings gerne mit ihren Witzen. Typische Militärwitze, vergleichbar mit Ostfriesenwitzen, wie ich später lernte: Harmlos und banal, selten mit starker Pointe, dafür gut geeignet, um den trüben Alltag aufzulockern. Als Kind habe ich diese Witze geliebt.

Ohne es zu wissen, haben sie mir gezeigt, dass wir nicht viel brauchen, um uns das Leben schöner oder einfacher zu machen; und dass es immer eine Frage der Haltung ist: Will ich mich langweilen oder Spaß haben? Will ich das Schlechte sehen oder das Gute? Will ich stehenbleiben? Oder mich bewegen und weiterkommen?

Über die Jahre konnte ich ausprobieren, wie viel leichter ich an ein Ziel komme, wenn ich es mit guter Laune und mit Charme, selbstbewusst und frohgemut zu erreichen versuche. Verhandlungen ging ich beispielsweise stets mit der Überzeugung an, dass ich sie mit einem guten Ergebnis beenden würde, egal wie ungünstig die Vorzeichen aussahen.

Während meiner ersten Saison in der deutschen Boxbundesliga beispielsweise: 1000 DM sollte ich für jeden Bundesliga-Kampf bekommen, 500 DM für jeden Punktsieg, weitere 500 DM bei einem K.O.-Sieg.

In meinen Augen war das viel Geld, sehr viel Geld. Dennoch wollte ich sehen, ob ich ein besseres Ergebnis aushandeln konnte. »Was, wenn ich alle 15 Kämpfe der Saison durch K.O. gewinne?«, fragte ich unseren damaligen Sponsor beim BC Flensburg und Vorsitzenden des Vereins, den Unternehmer Harald Uhr. »Das schaffst du niemals«, sagte er mir. »Machen wir es so«, schlug ich ihm mit einem Grinsen vor, »wenn ich alle Gegner durch K.O. besiege, bekomme ich eine zusätzliche Prämie von 10000 DM.« Harald Uhr guckte mich ungläubig an, willigte jedoch tatsächlich ein. Er war überzeugt, dass mir das nicht gelingen würde, ich konnte es an seinem Gesichtsausdruck ablesen. Genauso sicher war ich, dass ich es schaffen könnte.

Dank unseres vertrauensvollen Verhältnisses ging ich eine Woche später wieder zu ihm. Er hatte mir eine Wohnung im Nordosten der Stadt an der Förde organisiert. Bis zur Trainingshalle waren es fünf Kilometer. Harald Uhr hatte wohl geglaubt, dass ich den Weg jeden Tag zu Fuß zurücklege. Ich wollte jedoch ein Auto. Ich setzte ein freundliches und charmantes Gesicht auf und sagte geradeheraus: »Harald, ich brauche ein Auto.« Auch das verwehrte er mir nicht: Ein paar Tage später stand ein orangeroter Opel Rekord vor der Tür. Dass es der abgelegte Wagen seiner Mutter war, tat meiner Freude keinen Abbruch.

Ich machte mir keine Gedanken darüber, ob ich vom Verein großzügiger behandelt wurde als der Rest der Sportler oder eine Sonderstellung hatte. Doch es muss wohl so gewesen sein. Als ich meinen Förderer Harald Uhr – er war es, der mich nach Flensburg geholt und mir den Start ermöglicht hatte – kürzlich nach all den Jahren wieder traf, gab er mir die Erklärung: Er verstand, dass ich es im Boxen zu etwas bringen wollte und meinte daher, dass das Geld gut investiert gewesen sei. Zudem gefiel ihm, dass ich nicht bettelte, sondern selbstbewusst, herausfordernd und freundlich verhandelte. Was ich nicht wusste: Vitali hatte damals mit ihm gesprochen und ihn ermahnt, mich nicht über den Tisch zu ziehen. Dass ich dann weit mehr herausholte, als anfangs verabredet war, amüsierte Harald Uhr gewissermaßen. Am Ende legte er sogar ein monatliches Flugticket nach Kiew drauf, damit ich regelmäßig meine Familie besuchen konnte.

Seitdem handhabe ich es weiterhin so: Mit Charme und guten Argumenten versuche ich, auch nach Abschluss der Verhandlungen ein kleines Extra auszuhandeln, das mich herausfordert, eine extra Meile zu gehen und mich anzustrengen. Ich trete dabei nicht unverschämt auf, sondern fordere gerade so viel, dass es für mein Gegenüber akzeptabel ist. Stimmt er zu, bin ich ein äußerst zufriedener Verhandlungspartner – genauso wie er.

»Business is not only about numbers«, lautet ein gängiges Sprichwort in der Geschäftswelt, und ich kann es unterstreichen. Es kommt immer darauf an, wie ich etwas fordere, wie ich auftrete und wie ich etwas formuliere. Sind Auftritt und Ton positiv, respektvoll und wertschätzend, fallen Absprachen wesentlicher leichter.

Möglich, dass ich dann auch noch das Glück auf meiner Seite brauche. Damit meine ich allerdings nicht Glück im Sinne von Zufall, das ist mir zu wahllos, als dass ich daran glauben könnte. Glück ist etwas, was ich bis zu einem gewissen Grad positiv beeinflussen kann. Bei meiner Verabredung mit dem Flensburger Sponsor war es damals so: Ich gewann tatsächlich alle 15 Kämpfe durch K.O. Weil wir die Prämie nicht schriftlich fixiert hatten, hätte er durchaus einen Rückzieher machen können. »Na«, fragte ich Harald Uhr auf der Saisonabschlussparty, »weißt du noch, was wir abgemacht haben?« »Ja, das weiß ich noch«, antwortete er. »Das hätte ich im Leben nicht für möglich gehalten. Aber du bekommst deine Prämie.« Er holte einen Umschlag hervor und überreichte mir die Summe in bar.

Ich war auf Wolke sieben.

S – Sustainability
Nachhaltigkeit: langfristig denkend und auf die Umwelt achtend

»Schneller Erfolg interessiert mich nicht«

Ich bin kein Freund von Eintagsfliegen, sie geraten viel zu schnell in Vergessenheit. Für mich hat es nur Sinn, meine Zeit und Energie in langfristige Projekte zu stecken. Weil Erfahrungen und Erfolge sich dann summieren, aufeinander einzahlen und sich gegenseitig befruchten. Anders hätte ich auch gar nicht mehrfacher Boxweltmeister werden können. Mit etwas Glück schafft man es vielleicht, einmal den Titel zu holen. Dafür gibt es zahlreiche Beispiele. Sich jedoch über einen langen Zeitraum an der Spitze zu halten, erfordert Weitblick und Nachhaltigkeit.

Langfristiger Erfolg ist beim Boxen unglaublich schwer zu managen. Habe ich einen Kampf gewonnen und damit sogar einen Weltmeistergürtel von einem der vier bedeutenden Boxverbände, währen Erfolg und Genugtuung darüber nicht lange. Für kurze Zeit mag ich denken, ich habe alles im Griff, allerdings bleibt das Gefühl der »Eroberung« nur vorübergehend. Weil ich den Blick umgehend wieder in die Zukunft richten muss.

Die Situation ist vergleichbar mit vielen anderen Bereichen, etwa mit

Musikern: Eine erfolgreiche CD auf den Markt gebracht zu haben, reicht heute nicht mehr aus. Im Vorfeld sollte der Künstler mit seinem Team Marketing und Kommunikation so ausgerichtet haben, dass nicht nur die Lieder gekauft oder heruntergeladen werden, sondern dass die Fans auch bereit sind, ein Konzertticket und ein Merchandise-Produkt zu erwerben. Ohne entsprechende Positionierung und langfristige, nachhaltige Planung halten Künstler dem enormen Druck von innen und außen oft nicht auf Dauer stand. Die Folge ist, dass sie ihrer eigentlichen Arbeit, dem Komponieren und Aufnehmen, nur teilweise nachkommen können.

Der Unterschied zu mir als Boxer: Musiker haben gegebenenfalls Wochen und Monate Zeit, um neue Songs zu produzieren. Beim Boxen hängt der Erfolg von Minuten ab. Zwölf Mal drei Minuten stehen mir im Ring maximal zur Verfügung, um meinen Gegner zu besiegen. 36 Minuten, die über Erfolg oder Misserfolg entscheiden. Dazu brauche ich nicht nur eine optimale Vorbereitung, keine Frage, sondern auch einen Killerinstinkt; den unbedingten Wunsch und Willen, als Sieger aus dem Ring zu steigen.

Wie aber bewahre ich diesen Instinkt, wenn ich schon seit Langem erfolgreich bin? Es liegt in der Natur der Sache: Wer erfolgsverwöhnt ist, wird zufrieden und behäbig. Der Killerinstinkt wird betäubt. Viele Unternehmen kennen das. Es ist eine Herausforderung, Organisation und Mitarbeiter hungrig zu halten, während das Geschäft als Marktführer quasi von alleine läuft. Der Apple-Gründer Steve Jobs hat es treffend formuliert: »Cannibalize yourself before someone else does.« Unternehmen brauchen also eine entsprechende Kultur, die Wettbewerb und Spitzenleistung nachhaltig fordert, die innovative und unternehmerisch denkende Mitarbeiter fördert und Stillstand verdammt.

Ähnlich ist es bei mir als Sportler. Allerdings sehen wir den Misserfolg von Unternehmen erst nach Wochen und Monaten, die Niederlage eines Boxers hingegen sofort. Im Ring bin ich alleine, ich kann mich hinter niemandem verstecken.

Die Antwort auf diese Herausforderungen, kurzfristig siegeshungrig zu sein und sich langfristig stets aufs Neue zu motivieren, ist nach meinen Erfahrungen mentale Fokussierung, die im besten Fall einmal zur Stärke wird. Deshalb arbeite ich seit dem Beginn meiner Laufbahn daran und wende unterschiedliche Mentaltrainingstechniken an.

Dass beides zusammengehört und ich in meinem Leben nur nachhaltig erfolgreich bin, wenn Körper und Geist gesund sind, lernte ich grundlegend und nachhaltig von meinem Doktorvater und Mentor, Professor Viktor Volkov, einem Sportwissenschaftler. Er unterrichtete mich bereits, als ich 16 Jahre alt war. In dem Alter begann ich in der Ukraine mein Studium. Er war der Erste, der mich wirklich strukturierte. Er brachte mir bei, dass auch das Gehirn eines Sportlers Futter braucht. Von ihm lernte ich, dass eine ausgewogene Ernährung unerlässlich ist oder dass es Phasen gibt, in denen Geist und Körper maximal belastbar sind und in anderen nicht.

Zugleich sorgte er dafür, dass auch mein Studium zu einem nachhaltigen Erfolg wurde. Er betreute meine Doktorarbeit, in der ich mich mit der pädagogischen Kontrolle von Nachwuchssportlern beschäftigte. Das Thema interessierte mich und die Durchführung meiner Studie machte mir Spaß. Als es an die Verteidigung der Doktorarbeit vor 13 Professoren ging, war ich skeptisch, ob ich sie überzeugen könnte. »Sprich aus deiner Erfahrung, deiner Praxis heraus«, riet mein Doktorvater mir. »Sie mögen zwar theoretisch versiert sein, von deiner Arbeit können sie jedoch nicht annähernd so viel wissen wie du. Denn du bist der Praktiker, du hast die Studie durchgeführt.« Diesen Ratschlag habe ich ins Leben mitgenommen.

Auch heute, wenn ich vor Managern und Unternehmern referiere, halte ich mich daran: Keiner kann besser von meinen Erfahrungen im Sport berichten als ich. Und mehr noch: Heute kann ich glaubwürdig darüber sprechen, was es bedeutet, meine Expertise aus dem Sport im Geschäftsleben anzuwenden. Auch bei der Disputation hat diese Methode damals gut geklappt und mir wurde der Doktortitel verliehen. Viele aus dem Boxumfeld nahmen es damals mit Verwunderung zur Kenntnis, dass Vitali und ich bei allen sportlichen Erfolgen an unserer akademischen Laufbahn festhielten. Ich stellte das jedoch nie infrage, denn wir waren so erzogen worden, dass nachhaltiges Denken unser Handeln immer bestimmen sollte. Außerdem weiß ich, dass mir die Promotion und der damit verbundene Titel seitdem häufig genützt haben.

Nach wie vor habe ich Kontakt zu meinem Doktorvater. Auch das gehört für mich zur Nachhaltigkeit: An der Seite von Menschen zu bleiben, die mich unterstützt und begleitet haben. Professor Volkov lebt im selben Ort in der Ukraine wie mein Patenonkel. Wenn ich den einen besuche, treffe ich auch den anderen. Mein Doktorvater nimmt viel Anteil an meinem Werdegang. Dass ich 2016 einen Weiterbildungsstudiengang in St. Gallen in der Schweiz initiierte, hat er sehr wohlwollend zur Kenntnis genommen. Begeistert tauscht er sich mit mir über Lehrinhalte oder Methoden aus, gibt Anregungen und bietet seine Unterstützung an.

Wichtiges im Leben sollte lange halten und braucht Qualität, das habe ich von meinem Vater gelernt. Er baute vor einem halben Jahrhundert ein Haus für meine Oma in Kasachstan. Aus Mangel an Lehm mischte er Schmutz und Gras zusammen und verputzte damit die Wände. Er hob einen Brunnen aus, errichtete Dusche und Toilette, sogar ein repräsentatives Tor baute er am Eingang des Grundstücks. Alleine, ohne große Maschinen oder Ähnliches. Als ich mit Vitali vor ein paar Jahren zum ersten Mal wieder diesen Ort besuchte, war ich beeindruckt, denn das Haus stand immer noch wie eine Eins. Zwar war es innen nicht mehr intakt, es lebte schon lange niemand mehr darin. Draußen sah alles noch in Ordnung aus. Am Eingang war sogar nach wie vor eine Art Wahrzeichen zu sehen, das wir für unsere Familie ausgewählt hatten: eine aufgehende Sonne, die über der Tür strahlte.

Mein Vater achtete so sehr auf Qualität und Nachhaltigkeit, dass meine Mutter es ihm hin und wieder übelnahm: In einer Wohnung in Prag sollte er einen Teppich zur Dekoration an der Wand anbringen. Statt ihn einfach anzunageln, nahm er es sehr genau, verwendete dicke Holzplanken, befestigte den Teppich daran und bohrte große Löcher in die Wand. Meine Mutter rollte damals mit den Augen: »Das muss doch nur für ein paar Jahre halten«, sagte sie. »Wir bekommen ihn ja nie wieder ab.« Und es stimmte: Vor einer Weile besuchte ich die Wohnung. Alles war heruntergekommen, nur der Teppich hing nach wie vor an der Wand. Als ich versuchte, ihn zu lösen, rührte sich nichts. Und ich hatte gut gefrühstückt …

Nachhaltigkeit begleitet mich im Kleinen wie im Großen. So wie das Haus meiner Großmutter solide sein sollte, so wünsche ich mir nachhaltigen Erfolg im Boxsport – und darüber hinaus. Deshalb habe ich zusammen mit meinem Team schon vor Jahren damit begonnen, meine Karriere nach der sportlichen Karriere vorzubereiten: einen Studiengang entwickelt, in dem ich meine Erkenntnisse als Profisportler an Manager und Unternehmer weitergebe. Methoden, Produkte und Dienstleistungen werden gerade ausgearbeitet. Sie sind durch meine jahrzehntelange erfolgreiche Boxkarriere glaubwürdig und werden aus meiner Erfahrung heraus entwickelt, sodass eine Entwicklung auf eine andere einzahlen kann, ganz im Sinne eines nachhaltigen Ansatzes.

U – Uncomplexity
Einfachheit: einfach erklärt und einfach zu verstehen

»Alles, was genial ist, ist einfach«

»Keep it simple«, hat Steve Jobs zur Unternehmensmaxime von Apple gemacht. Er hat damit den Zeitgeist getroffen und einen Riesenmarkt geschaffen, weil er als Erster in dem Segment schnörkellose Produkte schuf, perfekt durchdacht und intuitiv zu bedienen. Und Albert Einstein war überzeugt: »Wenn du es nicht einfach erklären kannst, verstehst du es nicht gut genug.«

Beide Aussagen kann ich voll und ganz unterschreiben. Ich bin ein Freund klarer Worte und effizienter Lösungen. Weder mag ich Reden, die nicht auf den Punkt kommen, noch Produkte, die kompliziert erklärt werden. Alles, was genial ist, ist einfach. Auch den eitlen Umgang mit der eigenen Person finde ich befremdlich. Ich möchte keine Zeit verschwenden, sondern mich lieber auf Sinnvolles und Wichtiges konzentrieren, statt mich mit Nebensächlichkeiten zu beschäftigen.

Beispielsweise strukturiere ich mein berufliches Leben klar nach einfachen Zielen: Was will ich kurz-, mittel- und langfristig erreichen? Ganz konkret, idealerweise mit Ort und Datum versehen. In der Vergangenheit war das nächstliegende Ziel immer, den kommenden Kampf zu gewinnen. Inzwischen sind andere Themen hinzugekommen. Etwa die Methodik im kommenden Semester meines Weiterbildungsstudiengangs an der Universität St. Gallen so zu konkretisieren, dass die offenen Fragen aus dem vergangenen Jahr beantwortet werden und nicht erneut auftauchen.

Ist das eine Ziel erreicht, kann ich mich dem nächsten zuwenden. Eins nach dem anderen, sehr fokussiert und strukturiert. Damit mein gesamtes Team und ich die Energie in dieses eine Ziel stecken können und es effizient erreichen. Wenn ich erlebe, wie die Mitarbeiterziele in vielen Unternehmen definiert werden, wird mir eher schwindelig: Dort werden über einen Zeitraum von zwölf Monaten zahlreiche Vorsätze formuliert, manchmal so kryptisch und umfangreich, dass es kaum jemand versteht. Und entsprechend werden sie auch nicht erreicht.

Als Sohn eines Soldaten habe ich von früh an klare Aussagen und Anweisungen kennengelernt. Bei uns zu Hause redete niemand um den heißen Brei herum. Gab es ein Problem, kam es auf den Tisch. Hatten mein Bruder oder ich Sorgen, wurden Lösungen dafür gefunden. Heute weiß ich die Vorteile zu schätzen. Damals fluchte ich gelegentlich über die Ansagen, die bei uns gemacht wurden.

Zum Beispiel hatte mein Vater Vitali und mir übertragen, seine Schuhe und seinen Gürtel für die Uniform sauber und gepflegt zu halten. Neben dem Putzen verlangte er, dass wir Meldung machten, wenn es erledigt war. An einem Abend lagen Vitali und ich im Bett – wir teilten uns eines –, und es war schon Mitternacht, als mein Vater nach Hause kam. Ich muss fünf oder sechs Jahre alt gewesen sein, doch er behandelte mich wie einen Großen. Er weckte uns abrupt, schaltete das Licht ein und hielt uns seine Schuhe dicht vor das Gesicht. Er schimpfte: »Warum sind meine Schuhe nicht geputzt? Steht auf!« Das Spiel wiederholte sich in der Nacht noch ein, zwei Mal, weil die Schuhe entweder nicht ausreichend glänzten oder weil wir keine Meldung gemacht hatten, dass die Aufgabe erledigt war.

So unangenehm ich solche Situationen damals fand: Sie haben mich geprägt. Abgesehen von meiner Vorliebe für klare Ansagen achte ich heute ebenfalls auf saubere Schuhe und gepflegte Kleidung. Das geht so weit, dass ich meine Hemden gerne selber bügele. Denn keiner kann das so gut wie ich.

Auch bitte ich alle meine Mitarbeiter nachdrücklich, mir »Bericht« zu erstatten. Ihr Okay reicht mir, wenn sie eine Aufgabe erhalten und verstanden haben. Dann kann ich sicher sein, dass diese auch erledigt wird und streiche sie automatisch aus meinem Gedächtnis.

Die Überzeugung, dass ein geordnetes Umfeld zu einem geordneten Kopf führt, der das Leben wesentlich einfacher macht, war in meinem Elternhaus omnipräsent. »So wie du dein Bett hinterlässt, so wird dein

Tag«, mahnte meine Mutter mich fortwährend. Deshalb gab es keinen einzigen Tag, egal wie spät ich aus dem Bett gekommen bin, an dem ich nicht meine Bettdecke ausschüttelte und glattzog. Noch heute handhabe ich das so. Weil es absolut richtig ist: Verlasse ich meine Wohnung im Chaos, ist die Wahrscheinlichkeit groß, dass auch mein Tag konfus wird. Aus demselben Grund halte ich auch meinen Schreibtisch immer aufgeräumt.

Ich habe mich so sehr an die Klarheit und die Herangehensweise in unserer Familie gewöhnt, dass ich manchmal verwundert bin, wie schlecht andere auf den Punkt kommen. Wie emotional sie sich äußern, ohne ihre Botschaft klar überdacht und verständlich formuliert zu haben.

Positiv beeindruckt hat mich vor ein paar Jahren Bill Clinton, den ich innerhalb von kurzer Zeit auf zwei Veranstaltungen erlebte. Der ehemalige Präsident der Vereinigten Staaten von Amerika war in die Ukraine und nach München gereist, um vor großem Publikum zu sprechen. Es war das erste Mal, dass ich ihn in dieser Form erlebte. Ich war beeindruckt. Weder sprach er die Sprache seines Publikums noch war er ihnen in irgendeiner Form nah. Trotzdem gelang es Clinton auf wundersame Weise, Sympathie und Begeisterung unter den Zuhörerinnen und Zuhörern in beiden Ländern zu entfachen.

Ich hatte in München hinterher die Gelegenheit, mit ihm zu sprechen, und wollte wissen, wie er das geschafft hatte. Drei goldene Regeln verriet er mir:

- Mache deine Hausaufgaben: Übe jede Rede ein, egal wie kurz oder lang sie ist.
- Versetze dich in die Zielgruppe hinein und frage dich: Wo muss sie abgeholt werden, was interessiert sie?
- Und am Wichtigsten: Versuche, jedes noch so komplexe Thema einfach rüberzubringen. Sei nicht so töricht und verkompliziere Dinge in der Hoffnung, schlau zu wirken, weil du sonst die Chance vergibst, die Menschen mitzunehmen und zu begeistern.

M – Maximum
Maximum: immer das Beste und Optimale herausholend

»Da geht noch mehr«

Es ist wie ein Hunger, der nicht aufhört. Ich brauche Herausforderungen. Immer wieder, immer neue. Ich bin nicht gefräßig, aber ich habe einen anhaltenden Appetit. Ist ein Ziel erreicht, suche ich das nächste. Und ich will es nicht leidlich erreichen. Ich will es bestmöglich meistern. Immer und in jeder Lebenssituation. »Failure is not an option«, hieß über lange Zeit mein Motto während der Vorbereitung auf den nächsten Kampf: Scheitern ist keine Option. Lieber tot als Zweiter. Nach meiner Niederlage Ende 2015 vereinfachte ich es für meinen kommenden Kampf. »Obsessed« – zu Deutsch: besessen – ist nun mein Schlagwort, um mich auf mein kommendes Ziel, den Kampf, vorzubereiten.

Klingt beides drastisch, gehört allerdings zu meinen Überzeugungen. Ich habe früh begonnen und versuche, mehr rauszuholen als andere. Die Sowjetunion, in der ich aufgewachsen bin, war geprägt vom Schlangestehen. Wir mussten anstehen, um ein Brot zu kaufen. Wir reihten uns ein, wenn wir auf den Lohn für unseren Job warteten. Und wir standen Schlange, um in die Schwimmhalle zu kommen. Brav und geduldig. Wer sich vordrängelte, wurde mit bösen Blicken bedacht und zurück ans Ende geschickt. Egal, wie eilig man es hatte. Interessanterweise hatten es die wenigsten eilig.

Als Kind, das hatte ich bald raus, gab es hier und da eine Chance, sich nach vorne zu mogeln. Mit großen Augen, guter Laune und einem unschuldigen Grinsen erweichte ich so manches Herz. Hatte ich dann noch eine gute Geschichte auf Lager, die allzu abenteuerlich klang, um erfunden zu sein, schaffte ich es manchmal sogar ganz an den Anfang einer Schlange. Dann ließen mich nicht nur die Wartenden vor, sondern ich konnte auch die meist strenge Frau an der Kasse erweichen.

Dabei ging es mir nie darum, andere für dumm zu verkaufen oder mir aus Prinzip eine Extrawurst zu ergaunern. Ich sah ein Ziel und wollte dort hin. Egal, wie einfallsreich ich sein musste, um den Weg zu beschreiten.

Ich konnte verschiedene Register ziehen, um das Beste oder Meiste für mich oder meine Familie herauszuholen. Charme gehörte genauso dazu wie Penetranz und Hartnäckigkeit.

Ich war acht Jahre alt, als ich meine Eltern überzeugen wollte, mir endlich ein eigenes Fahrrad zu kaufen. Bis dahin hatten Vitali und ich eines gemeinsam. Ich saß auf der Stange, er auf dem Sattel. Wie dämlich ich mir mit acht Jahren vorkam, quasi auf dem Schoß meines Bruders durch die Gegend gefahren zu werden. Das sollte ein Ende haben. Leider, so sagte meine Mutter, hatten wir kein Geld für die Anschaffung eines zweiten Fahrrads.

Wir lebten damals in der Tschechoslowakei und ich sah eine Klein-anzeige für gebrauchte Fahrräder der Marke Ural in der Zeitung. Ural kannte und verehrte ich. Sie stammte aus der Sowjetunion. Wie es der Zufall wollte, lebte der Verkäufer in unserer Nachbarschaft.

Ich bettelte meine Mutter an, mir die Räder ansehen zu dürfen. Doch sie wiederholte immer wieder: Wir haben kein Geld für ein zweites Fahrrad. Schließlich nannte sie mir ein Budget, das sie mir zur Verfügung stellen konnte. Es war lächerlich klein. Dafür könnte ich nicht mal einen Lenker kaufen. Trotzdem machte ich mich mit ihrer Erlaubnis auf den Weg zum Fahrradhändler. Alleine. Ich wollte auf keinen Fall begleitet werden. Sehr ernsthaft begann ich, mit dem Mann zu verhandeln.

Ich erinnere mich nicht mehr, ob er mich ernstnahm oder sich einen Spaß machte. Er ließ sich auf mein Feilschen ein. Als ich ihm schließlich mein Budget nannte, fing er an zu lachen. »Das ist ein Witz«, sagte er. Doch ich ließ nicht locker. Mit all meinem Charme bat ich ihn darum, mit dem Preis runterzugehen. Ich schwindelte ihm nicht vor, dass ich das Geld später zahlen würde. Das konnte und wollte ich gar nicht. Stattdessen erzählte ich ihm, wie wichtig es für mich war, mein eigenes Fahrrad zu haben, wie sehr ich es hasste, die abgelegten Kleider meines Bruders zu tragen und wie nervig es war, auf seiner Fahrradstange durch die Gegend gefahren zu werden, ohne je selbst das Ziel bestimmen zu können.

Vielleicht fühlte er sich an seine eigene Kindheit erinnert, vielleicht wollte er auch nur seine Ruhe haben. Auf jeden Fall funktionierte es. Er verkaufte mir das Fahrrad zu meinem genannten Budget, einem Spott-preis. Dass es sich dabei um ein Erwachsenenmodell handelte, störte mich nicht im Geringsten. Ich fuhr im Stehen, bis meine Füße auch im Sitzen den Boden berührten.

Eine gewisse Geschäftstüchtigkeit und mein stetiger Wunsch, das bestmögliche Ergebnis rauszuholen, treiben mich seit meiner Schulzeit an. Ich war wohl zwölf, als Vitali und ich anfingen, Fotos von Stars zu verkaufen. Arnold Schwarzenegger und Sylvester Stallone waren damals unsere Helden, genauso wie die vieler anderer Jungen. Leider gab es ihre Filme bei uns weder im Kino noch im Fernsehen zu sehen.

Vitali hatte damals eine Kamera und brachte sich selbst bei, Filme zu entwickeln. Irgendwo hatten wir eine Zeitschrift mit den Fotos der Schauspieler aufgetrieben. Wir fotografierten die Bilder, entwickelten sie und verkauften die Abzüge für 20 Kopeken auf dem Schulhof. Unsere Freunde waren stolz, ein Foto eines westlichen Action-Helden zu besitzen, und wir freuten uns über unseren üppigen Nebenverdienst. Als ich Arnold Schwarzenegger vor einigen Jahren davon erzählte, fragte er mich witzelnd nach seinem Anteil an unseren damaligen Einnahmen.

Ähnliches wiederholte sich, als ich ein paar Jahre später mit »Spirit Royal« handelte. Ich kaufte den Spiritus in größeren Mengen ein und gab ihn in kleineren Einheiten an Bekannte und Menschen aus meinem Umfeld ab. Interessanterweise war überhaupt nichts Raffiniertes oder gar Illegales dabei. Der Spiritus war für jedermann verfügbar, schließlich war er ein Haushaltshelfer mit vielen Verwendungsarten: Einige nutzten ihn zum Putzen oder Feuer machen. Andere zum Desinfizieren oder für die Haarpflege. Und manche auch zum Trinken. Jeder hätte dieses kleine Geschäft betreiben können. Allerdings gab es bei uns sehr wenige Menschen damals, die einen Geschäftssinn hatten. Unsere Wirtschaftsordnung sah solche Eigeninitiative schlicht nicht vor. Die Menschen waren nicht hungrig, ihre Grundbedürfnisse wurden zu lange automatisch gedeckt. Deshalb war es für mich ein Leichtes, mir als Jugendlicher Geld mit dieser Art Kleinhandel hinzuzuverdienen.

Auch dieses Beispiel zeigt: Ich war immer schon anders als meine Mitschüler und Freunde. Mir ging es nie darum dazuzugehören. Genauso wenig wollte ich etwas tun, nur um Teil einer Gruppe zu sein. Ich machte immer mein eigenes Ding – gerne mit meinem Bruder, falls möglich. Ich wollte stets etwas erreichen. Unternehmungen machen, Projekte anschieben, Gipfel erklimmen. Das ist auch heute noch so: Ich will immer mehr. Ich will das Beste erreichen. Auf saubere und ehrliche Art und Weise.

Zusammenfassung

- Ich wollte frühzeitig wissen, was ich nach meiner Laufbahn als Boxer machen würde. Deshalb entwickelte ich mit meinem Team die »Karriere nach der Karriere«.
- »Ergo Sum« ist der rote Faden und die Philosophie, nach der ich und meine Mitarbeiter Entscheidungen treffen.
- Meine Erfahrungen aus dem Sport haben mir geholfen, ein erfolgreicher Unternehmer zu werden.

3. Ich bin keine Marionette, ich kann alleine laufen

Vom Image- zum Expertise-Transfer

Mein Profidebut in Hamburg war aufregend: Nach meinem Olympiasieg in Atlanta schloss ich zusammen mit Vitali im November 1996 einen Vertrag mit einem der damals namhaften Boxpromoter ab. Nachdem ich bis dahin stets gegen Amateure gekämpft hatte, waren jetzt erfahrene Profis meine Gegner. Es beruhigte mich, dass ich auf ihrem Niveau mithalten konnte. Gut sogar. Ich gewann alle Kämpfe, zu denen ich im ersten Jahr antrat, bis auf einen durch K.O. Und das, obwohl ich bis zu sechzehn »Fights« in einem Jahr absolvierte, eine enorm hohe Zahl für einen Boxer. Vitali hatte dasselbe Pensum, das heißt alle ein bis zwei Wochen stand einer von uns Klitschkos im Ring.

Zwei bis drei Jahre ging das so: Training, Boxkampf, Training, Boxkampf. Anfangs stellte ich die vielen Termine nicht infrage. Auch die Tatsache, dass ich weder über meinen Gegner mitdiskutieren durfte noch Einblicke in die Verträge bekam, nahm ich hin. Ich wollte schlicht zu den Besten gehören, das war mein Antrieb. Also konzentrierte ich mich voll und ganz auf mein Training. Nebenher absolvierte ich Sponsorenauftritte und Marketingtermine, die mein Promoter für mich und meist auch für meinen Bruder vertraglich fixiert hatte.

Meine erste Fernsehwerbung, das weiß ich noch ganz genau, war ein Spot für das Lebermedikament »Heppa Besch«. Damals freute ich mich über meinen ersten TV-Einsatz, im Rückblick fragte ich mich jedoch, was sich die Verantwortlichen dabei gedacht hatten. Passte ein Leberpräparat zu mir und meinem Image? Zu dem, was ich verkörperte? Darüber hatte sich mein Promoter wenig Gedanken gemacht. Sie hatten keine Strategie und keinen Plan für eine passende Vermarktung. Ihnen ging es lediglich darum, was unter dem Strich herauskam. Egal, wie kurz gedacht ein solches Vorgehen war.

Mit der Zeit regte sich eine gewisse Unzufriedenheit in mir. Erst ganz leise und zaghaft, dann etwas lauter und energischer. Ich fing an zu realisieren: Nicht nur Vitali und ich sollten unserem Promoter dankbar sein, weil er uns den Start ins Profileben ermöglichte. Es war ein Geschäft auf Gegenseitigkeit, denn auch er profitierte davon, dass wir in seinem »Stall« waren. Ich mag den Begriff des »Boxstalls« nicht, in diesem Fall passt er allerdings, da ich mich tatsächlich wie ein Arbeitspferd fühlte. Dabei wollte ich alles andere als eine stimmlose Kampfmaschine sein. Ich war der Meinung, dass unser Promoter uns ein gewisses Mitspracherecht einräumen sollte. Ich wollte wissen, welche Verträge er für uns aushandelte. Denn all die Jahre war das Vertragswesen eine »Black Box« für mich: Wir wurden nie darüber informiert, wie viel Geld der Promoter bei einem Kampf einnahm oder was er bereit war auszugeben, um für Qualität bei den Veranstaltungen zu sorgen.

Vier Jahre dauerte es, bis ich mich hochgearbeitet hatte und zum ersten Mal zu einem Titelkampf antrat: Ich wollte meinen ersten Weltmeistergürtel holen. Zu der Zeit hatte ich schon eine Ahnung davon, welche Vermarktungschancen sich boten. Ich hatte Dutzende von Boxveranstaltungen gesehen, vereinzelt Gespräche mit Sponsoren mitbekommen und wusste, dass die Übertragung im TV unglaublich wichtig war, um eine große Reichweite herzustellen. Je höher die Reichweite, desto interessierter die Sponsoren und desto höher die Kampfbörse. Unsere Bekanntheit war inzwischen gestiegen. Man erkannte uns, auch über den Sport hinaus.

Das wurde mir bewusst, als ich meiner Freundin einen BMW kaufte und mit den Mitarbeitern in Hamburg ins Gespräch kam. Ich erzählte ihnen, dass wir »Boxer« ebenfalls neue Autos gebrauchen konnten und BMW durchaus von unserer Bekanntheit profitieren würde. Das Interesse des PKW-Herstellers war geweckt, also leitete ich den Kontakt an meinen Promoter weiter, damit dieser die Details besprach. Ohne lange verhandeln zu müssen, stellte uns der Automobilhersteller sieben Wagen zur Verfügung. Einen bekam ich, der Rest landete bei meinem Promoter. Die Gegenleistung bestand darin, dass BMW als unser

Sponsor auftreten durfte. Eigentlich hätten alle mit der Vereinbarung zufrieden sein können.

Bis Vitali zu seinem nächsten Kampf antrat. Die Hose, die ihm bereitgelegt wurde, hatte ein großes Jaguar-Logo am Bund. Wir waren fassungslos. Wie konnte so etwas passieren? Jeder wusste, dass BMW und Jaguar konkurrierende Automobilmarken im Premiumbereich waren. Niemand hatte Vitali um sein Einverständnis gebeten oder ihn zumindest informiert. Ich war sprachlos. Ich schämte mich fürchterlich und spürte, dass ich so ein Vorgehen nicht mit meinen moralischen Wertevorstellungen in Einklang bringen konnte. Es passte nicht zu mir, nicht zu Vitali. Es war uns gegenüber BMW sehr peinlich, da sie zu Recht das Gefühl bekamen, sich nicht auf uns als Partner verlassen zu können. Das Unternehmen hatte uns unterstützt, und wir traten die Abmachung mit Füßen – so musste es zumindest aus der Sicht von BMW gewirkt haben.

Von zu Hause hatten wir mitbekommen: Wenn ich mein Wort gebe, muss ich es halten, auch wenn ich alles in Bewegung setzen muss, um dies zu tun. Unserem Promoter fehlte allerdings jegliches Feingefühl für die Situation. Der zuständige Manager im Boxstall zuckte mit den Achseln. Dass BMW mehr als pikiert war, interessierte dort niemanden. Ihr Ziel war es, möglichst viel an einem Kampfabend einzunehmen.

Es wurde immer deutlicher, dass wir strategisch unterschiedliche Ziele verfolgten. Vitali und ich waren an einem langfristigen Erfolg interessiert. An Glaubwürdigkeit, Fairness und Expertise. Wir wollten kompetente, wertvolle und verlässliche Partner für Unternehmen sein.

Ein paar Wochen später bekamen Vitali und ich einen Brief von Werner Baldessarini. Der damalige Vorstandsvorsitzende von Hugo Boss war boxbegeistert und schrieb uns. Er bot an, uns auszustatten und für 10 000 DM im VIP-Shop am Firmensitz in Metzingen einzukleiden. Ich war aus dem Häuschen und freute mich sehr über seine Offerte. So eine tolle Marke, was für eine Ehre.

Also fuhr ich nach Süddeutschland, um dem Bekleidungsunternehmen einen Besuch abzustatten. Neben der Tatsache, dass ich tolle Anzüge, Hemden und Jacken bekam, kam es zu einem Treffen mit Werner Baldessarini höchstpersönlich.

Er hatte Spaß daran, seine Visionen zur Inszenierung von Marken im Allgemeinen und von Boxevents im Speziellen mit mir zu teilen. Ich sog alles auf wie ein Schwamm, war begeistert von seiner mitreißenden Art. Eine Dreiviertelstunde lang schwärmte er von Henry Maske, dem langjährigen Weltmeister im Halbschwergewicht, und von der Übertragung seiner Kämpfe bei RTL. Anfangs schmunzelte ich innerlich, doch es stimmte: Sie waren viel mehr als reine Boxkämpfe, sie wurden zu regelrechten Shows inszeniert. Ein Novum in Deutschland. Das wollte ich plötzlich auch.

Baldessarini konnte sich begeistern für das Thema. Die Zeit verging wie im Flug. Wir spielten uns die Bälle zu und fingen an, über die perfekte Veranstaltung bis ins kleinste Detail zu philosophieren. Er erzählte so detailreich, dass ich seine Ideen bildhaft vor mir sah. Für die prominenten Gäste, so schlug er vor, sollte es einen roten Teppich und einen VIP-Bereich geben. Der Boden des Boxrings dürfte nicht zu dunkel sein, weil dies für die Übertragung im Fernsehen ungünstig sei. Weiß, so sagte er, sei eine gute Farbe, die auf der Mattscheibe nicht flimmere. Die Ringseile müssten eine ganz bestimmte Größe und Anordnung haben, damit einerseits Werbung platziert werden, zugleich aber die Boxer gut gesehen werden können. Licht, Farben, Outfits, Walk-in-Song – alles spiele eine Rolle und solle bewusst entschieden werden.

Selbstredend hatte ich vieles von dem schon gehört und in meinem Kopf bewegt. Trotzdem sprach Baldessarini mir aus der Seele: Ich dachte schon länger über die Verbesserung unserer Auftritte nach, leider fand ich mit meinen Ideen und Vorstellungen kein Gehör bei meinem Promoter. Unsere Kämpfe wurden von einem Öffentlich-Rechtlichen Sender übertragen, und ich musste zugeben: Es lagen Welten zwischen beiden Inszenierungen. Ich fand es bezeichnend, dass nun ausgerechnet ein Modedesigner und Boxfan mit mir darüber philosophierte, wie es besser gehen könnte. Leider hatte mein professionelles Umfeld keinerlei Interesse daran.

Aus der Begegnung mit Werner Baldessarini ist eine Freundschaft entstanden, die wir noch heute pflegen. Werner ist ein Visionär, der seitdem seinen Blick auf die Dinge mit uns teilt. Außerdem konnten wir Hugo Boss als unseren Sponsor gewinnen. Es war eine Partnerschaft nach meinem Geschmack. Weil die Qualitätsmarke hervorragend zu unseren Markenwerten, unserem Anspruch und unserem Image passte.

Zu diesem Zeitpunkt kam langsam das Gefühl in mir auf, dass ich mehr wollte. Ich hatte Blut geleckt und verstand, dass es Menschen gab, die mein Verständnis von Zusammenarbeit teilten und auch nutzten. Damit beide Seiten vom Image des anderen profitieren konnten. Für die Zukunft wollte ich solche Kooperationen ausbauen. Meine Partner sollten idealerweise mein Image und unseren Namen nutzen, zugleich wollte ich ihnen meine Expertise zur Verfügung stellen. Ich hatte aus der Vergangenheit gelernt, dass echte und nachhaltige Partnerschaften genauso entstehen. Ich wollte weg vom Image-, hin zum Expertisetransfer.

Nach meiner Vorstellung sollten Vitali und ich selbst zur Marke werden. Zugegeben: Damals klang das nach einem wagemutigen Plan. Es gab kaum einen Boxer, der eine Marke war. Klar, etliche hatten einen Spitznamen, der sich auf ihre Boxeigenschaften bezog. Dass sie jedoch explizite Werte verkörperten und diese gezielt, nachhaltig und über den Sport hinaus vermarkteten, das war eher unüblich.

Dabei war die Zeit reif dafür. In Deutschland war der Boxsport in den 1970er und 80er bis in die 1990er Jahre hinein nicht salonfähig gewesen. Mit dem Erfolg von Henry Maske änderte sich das. Er wurde von den Medien und seinen Fans »Gentleman« genannt, weil er sich durch seine gepflegte Erscheinung und sein stilvolles Auftreten von den meisten in der Branche abhob.

Der TV-Sender RTL tat sein Übriges, um den Sport populär und die Boxkämpfe für ein größeres Publikum zugänglich zu machen. Das Image des Sports verbesserte sich zunehmend.

Diese Aufmerksamkeit für das Boxen und unsere eigene Bekanntheit wollten wir nutzen, um uns als Marke zu positionieren. Bei allem, was wir taten, versuchten wir, höchste Qualitätsstandards anzusetzen und auf deren Einhaltung zu achten.

Für diesen Weg war eine Trennung von unserem Promoter unerlässlich. Wir brauchten unsere eigene Vermarktung, um diesen Schritt konsequent umsetzen und mitentscheiden zu können.

Leider war das nicht ganz einfach. Unser Boxstall hatte kein Interesse daran, uns frühzeitig gehen zu lassen. Der Promoter fand immer wieder Gründe, warum sich unser Vertrag verlängerte. Hatten wir uns verletzt oder waren krank, zog er vertraglich vereinbarte Optionen, um uns weiter an sich zu binden. Die Zusammenarbeit zog sich wie Kaugummi in die Länge.

Ich erinnere mich an eine Phase, zweieinhalb Jahre nach meinem ersten

Weltmeistertitel. Ich hatte viele Kämpfe in kurzer Zeit bestritten und sehnte mich nach einer Sportpause. Ich war müde, hatte einen boxerischen Burnout. Mein Promoter wollte davon nichts wissen, er verabredete den nächsten Kampf und versuchte, mich zu besänftigen: »Mach dir keine Sorgen. Wir finden einen guten Gegner für dich.«

Dieser »gute Gegner« war Corrie Sanders, ein Südafrikaner, der als aggressiver Boxer mit immenser Schlagkraft und starken Nehmerfähigkeiten bekannt war. Ich ärgerte mich, dass sich mein Promoter nicht auf meinen Wunsch nach einer Auszeit einließ. Keine drei Monate zuvor hatte ich meinen Titel in Las Vegas verteidigt. Über zehn Runden musste ich gehen, bis ich meinen Gegner durch technischen K.O. besiegte. Nun hoffte ich auf einen schnelleren Sieg.

Ich bereitete mich wie immer vor. Als ich kurz vor dem Kampf meine Handschuhe in der Kabine sah, fiel ich allerdings vom Glauben ab. Zum ersten Mal überhaupt war Werbung draufgedruckt. Ich war fassungslos. Text oder Bilder auf den Handschuhen bedeuten maximale Ablenkung für die Boxer. Warum hatte das niemand mit mir abgesprochen?

Leider hatte ich keine Wahl, ich konnte sie nicht wechseln. Es war das Paar, das der Verband offiziell für den Kampf freigegeben hatte. Also musste ich es tragen. Vitali war wie immer in den Stunden vor dem Kampf bei mir und half, die Werbung mit einem dicken Filzstift zu übermalen. Ich wollte meinen Unmut klar zum Ausdruck bringen. Es half allerdings wenig, ich war wütend.

»Ich habe die Schnauze voll«, dachte ich. Ich wollte Sanders schnell besiegen und dann in den Urlaub fahren. Mich erholen von der körperlichen und psychischen Belastung der vergangenen Monate und von der Enttäuschung. Es kam anders: Sanders gewann, ich verlor. Und mein Promoter hatte nicht die bei einer freiwilligen Titelverteidigung übliche Rückkampfklausel vertraglich fixiert. Dafür hätte er eine höhere Kampfbörse zahlen müssen, doch das wollte er nicht. Damit hatte ich nicht die Chance, mir meinen WM-Titel zurückzuholen. Somit war aus falschem Geiz die Rückkampfvereinbarung geplatzt. Das brachte das Fass zum Überlaufen: Ich wollte unbedingt meinen eigenen Weg gehen.

Wenige Monate zuvor hatten Vitali und ich mit Tom Löffler als Geschäftsführer K2 Promotions gegründet, unsere eigene Promotion-Agentur. Bislang war es nur eine Hülle, jetzt wollten wir diese mit Leben füllen. Als Vitali im April 2004 gegen Corrie Sanders in Los Angeles antrat – er wollte sich den Titel holen, den ich kurz zuvor gegen den Südafrikaner verloren hatte –, vermarkteten wir unseren ersten Kampf selbst. Treibende Kraft bei dieser Emanzipation war ganz klar ich. Vitali hatte Respekt vor dem organisatorischen Aufwand, der auf uns zukam. Doch mir war klar: Wir konnten unsere Kämpfe deutlich professioneller als bisher vermarkten. Wir hatten das notwendige Wissen und die Expertise für diesen Schritt.

Allerdings stürzten wir uns nicht in das Abenteuer, alles alleine zu machen. Bernd Bönte, ein erfahrener Boxexperte, Sportinteressierter und früherer Boxchef beim TV-Sender Premiere, fand mit dem Sportrechtevermarkter Sportfive einen Partner, der uns unterstützte. Bönte stieg als unser Manager bei Sportfive ein, er war unser Ansprechpartner. K2 Promotions war als eine Art »Free Agent« für die Veranstaltungen angedockt. Der entscheidende Unterschied gegenüber unserer vorherigen Situation bestand darin, dass wir die Entscheidungshoheit über unsere Gegner, die Häufigkeit und die Termine unserer Kämpfe behielten. Auch unsere Werbepartner wählten wir selbst aus und wurden zu unserem eigenen Event-Veranstalter.

Zugegeben: Der Start verlief ein wenig holprig. Nach meinen Niederlagen gegen Corrie Sanders und Lamon Brewster kämpfte ich mich zwar wieder zurück, doch nur langsam. Meinen Folgekampf im Herbst 2004 gegen DaVarryl Williamson konnte ich für mich entscheiden; er war für den frisch gewonnenen TV-Partner Premiere jedoch so unattraktiv, dass dieser sich sogleich wieder abwendete. Als Vitali zwei Monate später gegen Danny Williams kämpfte, hatten wir anfangs keinen TV-Partner in Deutschland. »Du bist schuld«, warf er mir vor. Ich bedauerte, dass er Recht hatte, dennoch war ich von der Richtigkeit unseres Schrittes überzeugt.

Vitali gewann seinen Kampf, den die ARD übertrug, doch er verkündete im Folgejahr seinen Rücktritt. Er war von Verletzungen geplagt und musste mehrfach operiert werden. Zwar sollte er 2008 erfolgreich in den Boxring zurückkehren, doch das war damals nicht absehbar.

Die Zusammenarbeit mit Sportfive verlief positiv. Sie hatten es verstanden, mit uns als Marke zu arbeiten. Während unser vorheriger Promoter schlicht unseren Namen an beliebige Sponsoren »verkaufte«, betrieben wir jetzt Marktforschung. Wir definierten unsere Markenwerte, um Partner, Produkte und Dienstleistungen identifizieren zu können, die zu uns passten. Wir schafften es schließlich auch, mit der ARD und ab 2006 mit RTL eine TV-Partnerschaft einzugehen.

Mit der Zeit stellte ich allerdings fest, dass die Kriterien, die ich bei Partnerschaften und Projekten anlegte, nicht zufriedenstellend erfüllt wurden. Ich wollte nicht nur vermarktet, ich wollte erstmal positioniert werden. Langfristigkeit, Nachhaltigkeit und Qualität gehörten dazu. Ich wollte einen aktiven Part übernehmen und Input geben. Meine Expertise teilen, anderen zugänglich machen.

2007 war es für mich an der Zeit, unsere Partnerschaft mit Sportfive aufzukündigen. Wir hatten bereits viele Erfahrungen gesammelt, vor allem in der Event-Vermarktung. Ich wusste zunehmend besser, was ich wollte und was nicht. Ich hatte viel mit Vitali diskutiert. »Sollen wir wirklich diesen Schritt gehen?«, hatte er mehrfach gefragt. Es war ein gewaltiges Stück Arbeit, das wir uns aufluden. »Ist es den Aufwand wert?«, fragten wir uns. Nach meinem Gefühl waren wir perfekt vorbereitet, um uns künftig komplett selbstständig aufstellen zu können. Wir gründeten die KLITSCHKO Management Group, KMG, als Unternehmen, das auf Event-Vermarktung und Sponsoring spezialisiert war. Unseren Weggefährten und langjährigen Manager Bernd Bönte holten wir an unsere Seite. Er ist nach wie vor Geschäftsführer und Mitinhaber der KLITSCHKO Management Group. Das bedeutete: Sämtliche Verträge handelten wir selbst aus, angefangen von den nationalen und internationalen TV-Partnern über unsere jeweiligen Gegner bis hin zu unseren Dienstleistern und Sponsoren. Auch das Ticketing übernahmen wird, das bei riesigen Hallen und sogar Stadien einen wichtigen Faktor darstellt.

Die Gründung brachte ein erhebliches Risiko mit sich, da wir nun auch Veranstalter unserer Events mit vielen Tausend Zuschauern wurden. Doch ich hatte keine Zweifel, dass es der richtige Schritt war, fortan im »Driver's Seat« zu sein, mit dem Steuer in der Hand. Ich hatte das Bedürfnis, die Entscheidungen zusammen mit meinem Bruder und Bernd Bönte unabhängig und autark treffen zu können.

In gewisser Weise hatte ich Angst vor dem, was wir mit unserer Entscheidung auslösen würden. Doch das machte nichts, im Gegenteil: Wer Angst hat, zeigt Mut und bewegt sich. Und ich wollte mich bewegen. Ich wollte eine neue Herausforderung. Nur wer feige ist, rennt weg, steckt den Kopf in den Sand oder lässt alles trotz Unzufriedenheit einfach laufen. Alles drei ist schlecht und passt nicht zu mir. In geschäftlichen Situationen wie auch in allen anderen Bereichen des Lebens.

Ich mag es, wenn mir in kritischen Situationen die Finger und der Bauch kribbeln. Ich nutze mein Adrenalin. Angst ist in meinem Falle sogar ein besserer Motivator als Freude. Sie gibt mir den Kick, wenn ich merke, dass es der richtige Schritt ist. Ich will ihn gehen. Ich stelle mich der Herausforderung, nehme sie an und meistere sie. Unbedingt.

So war es auch damals und meine Beharrlichkeit wurde belohnt: Noch im selben Jahr gehörten die Fitnesskette McFIT, der TV-Sender RTL sowie die Deutsche Telekom AG zu unseren Markenpartnern. Sie alle passten hervorragend zu unserer Positionierung.

Doch ich war noch lange nicht am Ende meiner Reise. Ich wollte mehr.

Wir bauten mit der KLITSCHKO Management Group ein Team und eine Organisation auf, die es mir ermöglichten, weitere Ideen zu verfolgen und Projekte anzustoßen. Denn ich brauchte Sparringspartner nicht nur im Ring, sondern auch außerhalb des Sports, die mir halfen, mich zu strukturieren und zu organisieren. Über die Jahre hatte ich festgestellt, dass es vielen ging wie mir: Sie hatten Talent, doch sie waren nicht strukturiert. Insbesondere Sportler versäumen es, ihr Wissen über das praktische Tun hinaus zu nutzen. Emanuel Steward beispielsweise. Er war mein Trainer und ein absoluter Guru im Boxsport. Leider war er unstrukturiert, er hat sein Wissen stets nur in der 1:1-Situation weitergegeben. Von Trainer zu Athlet. Welch eine Verschwendung!

Hätte er sein Wissen in Büchern, Seminaren oder online festgehalten, könnten Tausende davon profitieren. Inzwischen ist er leider verstorben, sodass mit ihm sein immenser Schatz an Erfahrungen gegangen ist.

Ich wollte es anders machen. Mein Ziel war es, Spuren zu hinterlassen und mein Wissen weiterzugeben. Dafür brauchte ich Verstärkung. Tatjana Kiel, die mich seit 2006 als Event- und Markenverantwortliche begleitet, war genau wie ich überzeugt, dass meine Vision funktionieren könnte. So starteten wir mit meiner Positionierung und fanden mit »Healthy Aging«, gesundes Altern, intern ein Thema, das wir glaubwürdig besetzen können. Vitali und ich wussten als Sportwissenschaftler nicht nur alles über Training und Ernährung, wir setzten dieses als Athleten auch ein und um. Weder Altern noch Gesundheit wurden damals in der Gesellschaft als etwas Positives verstanden. Das wollte ich ändern. Denn Gesundheit ist in meinen Augen unser höchstes Gut.

Tatjana Kiel und ich fanden beide Gefallen an dem Gedanken, eine Marke aufzubauen, die über den sportlichen Erfolg und das Boxen hinaus Bestand haben könnte. Mich erschreckte immer die Tatsache, dass sogar die erfolgreichsten Sportler weltweit wenig darüber nachdachten, was sie nach ihrer aktiven Zeit machen sollten. Als würde es sie erstaunen, dass ihre Karriere irgendwann vorbei war. Viele fallen in ein Loch, tief und schwarz. Manche werden im Nachgang Trainer oder TV-Experte. Andere wissen wenig mit ihrem Leben anzufangen. An dieser Lethargie hat sich bei Spitzensportlern bis auf wenige Ausnahmen wenig geändert. Sie geben oft sinnlos ihr Geld aus und viele landen in der Privatinsolvenz.

Dieses Gefühl der Leere wollte ich niemals erleben, deshalb fingen wir an, über die »Bühne« zu diskutieren, die nach dem Ring auf mich warten könnte. Wir entwickelten erste Strategien für meine »Karriere nach der Karriere«, diskutierten parallel über meine »Karriere während der Karriere« und erarbeiteten Strategien zum Markenleitbild. Den bisherigen Markenkern »Brain«, für mentale Stärke, sowie »Power«, für körperliche Fitness, bauten wir aus.

Doch was bedeutete das? Dass ich als langjähriger Boxprofi für körperliche Fitness stand, war naheliegend. Produkte und Dienstleistungen daraus abzuleiten, klang daher plausibel. Wie sollte ich jedoch idealerweise »Brain« besetzen, mentale Stärke vermarkten und andere davon profitieren lassen?

Mein Fernziel hatte ich vor Augen. Ich wollte eine Managementmethode etablieren, um im ersten Schritt mein Wissen aus dem Sport in die Wirtschaft zu transferieren. Als Partner schwebte mir eine erstklassige Universität vor mit namhaften Professoren und Instituten. Bis dahin hatten wir allerdings noch einen Weg zu gehen.

»Challenge Management« lautete unsere Antwort auf die Frage nach den Inhalten der Methode, wie wir den Teilbereich »Brain« etablieren könnten. Das Thema entstand bei der Entwicklung der »Karriere nach der Karriere«. Eine Aufgabe als Boxmanager kam für mich nicht infrage. Meine zweite Bühne sollte größer, breiter und komplexer sein. Ich wollte mehrere Themen anstoßen, Veränderungen in Gang setzen und unterschiedliche Felder parallel bearbeiten. 2016 gründeten wir dafür KLITSCHKO Ventures. In der Gesellschaft bündeln wir neue Geschäftsideen sowie Beteiligungen, die allenfalls noch am Rande mit dem Boxen zu tun haben.

Aus Gesprächen mit Managern und Boxfans wusste ich, dass sie an meinen Erfahrungen und Lösungen interessiert waren. Sie standen in ihrem beruflichen wie privaten Alltag vor immer größeren und immer neuen Herausforderungen. Seit vielen Jahren schon initiieren Unternehmen »Change-Prozesse«, Veränderungsprozesse, mit einigen Jahren Abstand, um am Markt mithalten zu können. Mittlerweile haben Digitalisierung und Globalisierung dafür gesorgt, dass ein Prozess nach dem anderen aufgesetzt wird, manche laufen sogar parallel. Durch diese Komplexität fühlen sich viele Menschen im Arbeitsleben überfordert. Sie wünschen sich einen Wegweiser, um sich im Dickicht ihrer Herausforderungen zurechtzufinden.

Können sie es schaffen, alle Fragen selbst schnell genug zu beantworten und komplexe Aufgabenstellungen alleine zu lösen? Wahrscheinlich nicht. Wir alle können uns jedoch das Rüstzeug zulegen, um souverän mit Herausforderungen umzugehen: Um sie rechtzeitig zu erkennen, zu bewerten und zu bewältigen. Und dabei trotz Komplexität der Anforderungen im »Driver's Seat« zu bleiben, wie es so schön heißt. Ich fühlte mich selbst oft wie im Hamsterrad, bis ich mich bewusst entschied, das Rad zu verlassen. Dabei hat mir Challenge Management geholfen.

Den Entscheidungsträgern aus der Wirtschaft, aus Verbänden und Verwaltungen meine Ansätze nahezubringen, schien uns der richtige Schritt zu sein. Dabei ging es damals und geht es noch heute um die Methoden, die ich über Jahre aus dem Sport heraus entwickelt hatte.

Meine Grundlage für das Meistern von Herausforderungen sind mentale Stärke und körperliche Kraft. Sie fußen auf vier Eckpfeilern, die mich als Sportler seit mehr als zwei Jahrzehnten stützen: Ausdauer, Beweglichkeit, Koordination und Konzentration. Seit wir das, was meinen Erfolg ausmacht, explizit in Worte gefasst hatten, wusste ich, dass sie sich fast eins zu eins ins Business übertragen lassen: Um erfolgreich im Job zu sein, brauchen wir ebenfalls Ausdauer, Beweglichkeit, Koordination und Konzentration. Nur heißen sie in der Geschäftswelt Durchhaltevermögen, Flexibilität, Organisation und Fokussierung.

das gilt auch für meine berufliche Karriere, die noch nicht zu Ende ist! Es beginnt jetzt! Ich möchte nicht mehr der 0815 Beamte sein! 28.01.18

Endlich war ich dort angelegt, wo ich hinwollte: Ich wollte nicht mehr nur mein Image arbeiten lassen, sondern echte Expertise weitergeben. Fehlten lediglich noch konkrete Produkte und Angebote.

Als wir begannen, ein mögliches Portfolio zu definieren, erinnerte ich mich an ein Gespräch mit Roger Jenkins, seinerzeit einer der erfolgreichsten Banker Großbritanniens. Im Grunde genommen war er der erste Topmanager, der meinen Wert fürs Management erkannte. Ich überlegte damals, ob ich einen weiteren Hochschulabschluss benötigte, um mein Wirtschaftswissen auf solidere Beine zu stellen. Ein MBA – ein Abschluss als »Master of Business Administration« – an der Harvard Universität schwebte mir vor.

Ich erzählte ihm davon, doch er war strikt dagegen: »Wenn du einen MBA machst, verlierst du nur Zeit«, sagte er. »Du hast so viele Qualitäten aus dem Sport, so viel praktisches Wissen, das du in dir trägst. Fördere es zutage.«

Anfangs wusste ich nicht, was er meinte. So wie ich erzogen worden war, sah ich Bildung als hohes Gut an. Sie ist das Fundament, auf dem wir unsere beruflichen Tätigkeiten aufbauen. Dass Jenkins einen MBA als Zeitverschwendung abtat, irritierte mich. Um ihn besser zu verstehen, befasste ich mich mit erfolgreichen Menschen und ihren Lebensläufen.

Tatsächlich stellte ich fest, dass Anerkennung, Leistung und nachhaltiger Erfolg wenig mit dem Bildungsweg zu tun haben. Ich habe sehr viele schlaue Menschen getroffen, die nicht umsetzungsfreudig waren. Die nichts wagten und Herausforderungen mieden. An ihnen zogen so manche lebenstüchtige und anpackende Macher vorbei. »Street smart« nenne ich diese Menschen, die einen gesunden Menschenverstand haben, die auf ihr Bauchgefühl hören und mutig sind.

Dieser Gruppe fühle ich mich zugehörig. Ich habe eine Umsetzungsbereitschaft, die viele Sportler in sich tragen, die Managern jedoch manchmal fehlt. Weil sie Angst haben, Fehler zu machen. Weil sie es verlernt oder vielleicht niemals gelernt haben, auf ihr Bauchgefühl zu hören, und damit feige werden oder sind.

Und so habe ich meinen Freund Roger Jenkins mit der Zeit verstanden. Ich trug bereits einen großen Schatz an Wissen und Erfahrungen in mir. Diese hatte ich längst zu Strategien weiterentwickelt. Ich brauchte keinen weiteren Input in einem bestimmten Fachgebiet. Ganz im Gegenteil, ich brauchte Mittel und Wege, um mein Know-how zu mobilisieren, denn dann könnte ich es sein, der Studierende an einer Top Business School inspiriert und weiterbildet.

Damit hatte ich die Lösung: Ich wollte einen Studiengang initiieren und gemeinsam mit einer renommierten Hochschule »Challenge Management« unterrichten. Die Universität St. Gallen in der Schweiz war als eine der Top Five Business Schools in Europa meine erste Wahl. Und so begannen wir 2014, Gespräche mit dem Institut »Customer Insight« zu führen. Erfreulicherweise fanden wir schnell Fürsprecher in der Hochschule. Wir einigten uns darauf, einen CAS-Weiterbildungsgang (Certificate of Advanced Studies) zum Thema anzubieten. Professor Wolfgang Jenewein, einer von drei Leitern des Instituts und zugleich Direktor des sogenannten »Executive MBA«, des berufsbegleitenden Master-Abschlusses für Führungskräfte, hatten wir schnell auf unserer Seite.

Leider mussten wir unseren Start aufgrund einer Verletzung und einer Kampfverschiebung um ein Jahr verschieben, doch im Februar 2016 konnten wir den Beginn des Studiengangs verkünden: In einer langfristig angelegten Kooperation zwischen der Universität St. Gallen und KLITSCHKO Ventures sollten Professoren der Hochschule, ausgewählt von Wolfgang Jenewein, und Experten aus der Praxis unter meiner Federführung im Studiengang »CAS Change & Innovation Management« Führungskräfte optimal auf die beruflichen und persönlichen Herausforderungen vorbereiten.

Neben der Hochschule galt es übrigens, Experten, Fachleute aus der Praxis, zu begeistern, einen aktiven Part im Studiengang zu übernehmen. Wir verwendeten besonders viel Zeit auf die Frage: Welcher Manager, welcher Unternehmer hat Erfahrungen, die zu unseren Studieninhalten passen und die er oder sie mit Mehrwert auf einer Metaebene vermitteln könnte? Wir nutzten persönliche Kontakte und tauschten uns mit Wegbegleitern aus, ließen uns Empfehlungen aussprechen. Am Ende hatten wir eine Reihe wertvoller Expertinnen und Experten beieinander. Sie zu überzeugen und für das Programm zu gewinnen, war am Ende keine große Sache mehr. Auch wenn wir sie für einen Studiengang gewinnen wollten, der noch nicht existierte, in einer Disziplin, von der sie noch nicht gehört hatten.

Mit Frank Dopheide, Geschäftsführer der Verlagsgruppe Handelsblatt, gewann ich einen langjährigen Weggefährten. Der Düsseldorfer ist ein ausgesprochener Markenprofi. Er hatte uns bei der Weiterentwicklung der Marke Klitschko sowie möglichen Vermarktungspotenzialen unterstützt. Ihn wollte ich unbedingt dabeihaben und freute mich, als er spontan am Telefon zusagte.

Ähnlich war es bei Jean-Remy von Matt. Den Gründer der renommierten Kreativagentur Jung von Matt hatte ich bei einem Werbeshooting für die Marke Milchschnitte Mitte der 2000er Jahre kennengelernt. Weil der Hamburger einer der wenigen ist, der sich im schnelllebigen Werbegeschäft seit Jahrzehnten an der Spitze hält und längst zur eigenen Marke geworden ist, freute ich mich sehr, als ich auch von ihm eine Zusage bekam. Unterrichtseinheit: Selbstmarketing.

Experte für Experte tasteten wir uns voran, sodass wir zur Premiere des Studiengangs neben den Universitätsdozenten siebzehn erfahrene und gestandene Praktiker beisammen hatten, die den Teilnehmerinnen und Teilnehmern von ihren Erfahrungen berichteten und ihr Wissen teilten.

Im zweiten Jahr stellten wir die Studieninhalte geringfügig um. Dass wir dank der Neuerungen so namhafte Dozenten wie etwa den Global General Manager Platform and Innovation, Rolf Schumann, oder den Geschäftsführer der DFL (Deutsche Fußballliga), Christian Seifert, für uns gewinnen konnten, macht mich stolz.

Denn noch immer passiert es mir, dass mir die Menschen in der Wirtschaftswelt durchaus argwöhnisch begegnen. Das Schöne daran: Jeden, der mich unterschätzt, kann ich viel schneller von meiner Expertise und meinen Erkenntnissen überzeugen.

»Wladimir Klitschko ist bekannt dafür, dass er über Jahrzehnte neue Herausforderungen, also Challenges, auf zeitgemäßem und innovativem Wege bewältigt hat«, sagte Jenewein zum Start des Studiengangs auf unserer gemeinsamen Pressekonferenz. »In Zeiten der Digitalisierung ist die Zukunft immer weniger vorhersehbar. Die Welt wird volatiler, unsicherer und komplexer. Wir freuen uns, unseren Executives vor diesem Hintergrund neue Impulse mit Parallelen aus der Welt des Hochleistungssports geben zu können.«

Die Präsentation fand ein unglaubliches Medienecho, warf allerdings auch Fragen auf: Ein Boxer, der einen Studiengang initiiert? Die Journalisten waren eher skeptisch. Doch ich konnte ihnen meine Expertise und die daraus resultierende Strategie überzeugend beschreiben. Dass wir gemeinsam mit Hochschulprofessoren und Managern aus der Praxis an den Start gingen, wurde ebenfalls positiv aufgenommen. Tatsächlich war es einzigartig, dass sowohl Theoretiker als auch renommierte Praktiker die Studierenden auf das Managen von Herausforderungen vorbereiteten.

Was mich in unserer Arbeit besonders bestätigte: Obwohl ich nicht täglich anwesend sein konnte, gelang es »meinen« Experten, den Teilnehmern des ersten Jahrgangs das Gefühl zu vermitteln, ich wäre dabei. Wir schafften dies durch die Vermittlung von Inhalten und Erfahrungen aus dem Challenge Management, mithilfe von Geschichten aus der Zusammenarbeit oder durch persönliche Anekdoten.

Ich selbst doziere meine Lehrinhalte nicht im Frontalunterricht, sondern mache sie anschaulich. An einem sogenannten Challenge-Abend überlegten sich die Studierenden etwa Aufgaben, mit denen sie mich herausfordern wollten. Es waren Dinge dabei, die mich sehr zum Lachen brachten und die mir zugleich zeigten, dass sie mich besser verstehen und kennenlernen wollten. Wir einigten uns auf eine Handvoll Aufgaben und forderten uns am Ende gegenseitig heraus. Ein Liegestützwettbewerb war dabei genauso wie ein sogenanntes Stare Down. Der Brauch kommt aus dem Boxsport, bei dem sich zwei Gegner vor dem Kampf gegenüberstehen und versuchen, den Blick des anderen niederzuzwingen. Dieser Abend wurde ein großer Spaß, den wir alle wohl nicht vergessen werden. Wir haben gewonnen, verloren und viel gelacht.

Schon ein paar Monate nach ihrem erfolgreichen Abschluss meldeten sich manche Absolventen mit unglaublichen Veränderungen zurück: Einige machten sich selbstständig, andere haben die gewünschte Position im Unternehmen erreicht. Eine neue Marke wurde angemeldet, mehrere Triathlons absolviert und viele weitere Ideen entwickelt. Ein Teilnehmer vergab über seine Stiftung für die kommende Runde sogar ein Stipendium für unseren Studiengang. Er war so bewegt, dass er unbedingt jemandem die Möglichkeit geben wollte, teilzunehmen.

Als ich die Geschichten »meiner« ehemaligen Studierenden hörte, war ich stolz, gerührt und teilweise überwältigt. Denn sie hatten ihre Herausforderungen tatsächlich angenommen. Sie haben sich nach vorne bewegt und sind zur bewegenden Kraft geworden.

Auch nach dem zweiten Durchgang kann ich inzwischen sagen: Challenge Management funktioniert. Es ist keine Raketenwissenschaft, sondern ein einfacher Weg, das eigene Leben mit neuem Antrieb wieder in die eigene Hand zu nehmen.

Aus diesem Grund haben wir die Zusammenarbeit mit der Hochschule ausgebaut und im Sommer 2016 ein Kompetenzzentrum im Institut für Customer Insights an der Universität St. Gallen gegründet, das Methoden und Wege des »Intrapreneurship« erforscht. Der Begriff setzt sich zusammen aus »Intracorporate« und »Entrepreneurship« (Unternehmertum) und bedeutet so viel wie Binnenunternehmertum; also das unternehmerische Verhalten von Mitarbeitern innerhalb einer Organisation oder eines Unternehmens. Fokus der Forschungsarbeiten sind das Selbst- und Challenge Management und damit die Frage: Wie können wir uns selbst führen, motivieren, dranbleiben oder nach Niederlagen wieder aufstehen?

Die Ergebnisse würden meine Expertise einmal mehr stärken. Zudem sind es wertvolle Erkenntnisse, die nicht nur in den Studiengang einfließen, sondern aus denen wir in Zukunft noch andere Produkte ableiten können.

Was für ein Meilenstein für mich als langjährigen Boxprofi!

Im vergangenen Jahr sprach ich auf einer Konferenz. Es ging um die Digitalisierung und die Herausforderungen, die sie mit sich bringt. Als ich die Bühne betrat, konnte ich es in den Gesichtern der Anwesenden in den ersten Reihen erkennen. Sie freuten sich, dass sie einen ehemaligen Boxweltmeister vor sich sahen, doch sie fragten sich, was ich zum Thema Digitalisierung zu sagen hatte. Wie immer in solchen Situationen war mein Kampfgeist geweckt. Ich wollte sie begeistern und für meine Überzeugungen gewinnen. Ich fühlte mich herausgefordert und wollte ihnen zeigen: Hier steht nicht nur ein Boxer, hier steht ein Unternehmer, ein Gründer und ein Macher, der ihnen viel zu erzählen hat.

Selbstredend hatte ich mich gut vorbereitet. Ich holte die rund 300 Zuhörer, Manager wie Angestellte, in dem Zustand ab, in dem sie sich befanden: abwartend skeptisch. Ich formulierte ihre Zweifel – »Was will uns der Boxer wohl sagen?« – und erzählte dann von den Parallelen, die es zwischen mir und ihnen gab. Dass Angst vor der Digitalisierung und ihren Auswirkungen im Prinzip vergleichbar war mit meinen Nöten. Wie viele Jobs wird die Digitalisierung kosten, wie viele Ältere oder schlechter Ausgebildete abhängen? Genau dasselbe könnte ich mich in abgewandelte Form fragen: Würde mich mein nächster Gegner bloßstellen oder provozieren? Würde er mich besiegen, weil er jünger und fitter ist? Und was sollte ich tun, wenn ich nicht mehr boxen würde?

Die Antwort auf die Fragen ist simpel und doch zugleich komplex: Jeder Einzelne hat es in der Hand, sein Schicksal zu gestalten. Es gibt keine Probleme, lediglich Herausforderungen. Nur müssen wir bereit sein, sie zu erkennen, zu bewerten und zu bewältigen. Gelingt uns das einmal nicht, muss dies nicht gleichbedeutend mit einer Niederlage sein. Vielleicht müssen wir dann nur unser Ziel ändern. Oder unser Weg nimmt eine andere Wendung als gedacht. Schließlich haben wir es in der Hand, welcher Herausforderung wir uns stellen. Es ist kein Beinbruch, einen Fehler zu begehen, und noch lange keine Niederlage. Nur wenn wir den Fehler zweimal oder noch öfter machen, ist es eine Dummheit. Jeder Einzelne kann die bewegende Kraft sein.

Bei der Konferenz hatte ich offensichtlich mein Publikum erreicht. Der Veranstalter verlängerte die Zusammenarbeit mit uns, weil er erkannt hatte: Auch außerhalb des Rings kann ein Boxer punkten.

Zusammenfassung

- Kurzfristige Ziele interessieren mich nicht.
- Ich will ein kompetenter, wertvoller und verlässlicher Partner für Unternehmen sein. Ich setze auf Expertise- statt auf Imagetransfer.
- Challenge Management hilft mir, die zahlreichen Herausforderungen im Sport wie im Joballtag erfolgreich zu meistern.
- Vier Eckpfeiler stützen mich dabei: Ausdauer, Beweglichkeit, Koordination und Konzentration
- Meine Erfahrungen und unsere Erkenntnisse gebe ich gerne an andere weiter.

4. Wissen wird mehr, wenn wir es teilen

Lösungs- /und Herausforderungsorientiert

Über die Jahre ist mir aufgefallen, dass die Probleme vieler Menschen hausgemacht sind. Häufig sehen sie kleinste Hürden als unüberwindbare Hindernisse, Schwierigkeiten als nahezu existenzbedrohende Krisen. Eine Weile wunderte ich mich und fragte mich, ob mein Leben im Vergleich zu dem ihren so viel reibungsloser und störungsfreier verlief. Doch ich stellte fest: überhaupt nicht. Es kommt auf die Betrachtungsweise an. Ein Großteil der Menschen denkt vermehrt in Problemen. Sie haben ein sogenanntes Worst-Case-Szenario vor Augen (Was könnte im schlimmsten Fall passieren?) und sind bestimmt von einer passiven, ängstlichen Denkweise. Damit blockieren sie ihr eigenes Handeln.

Ich hingegen orientiere mich lieber an Lösungen. Taucht ein Hindernis vor mir auf, nehme ich es sportlich und verstehe es als Prüfung, die es zu meistern gilt. »Wie komme ich da drüber?«, frage ich mich. »Wie komme ich gerade so über das Hindernis und wie vielleicht deutlich besser als andere?«

Bei der Beantwortung dieser Frage lasse ich mich gerne von erfahrenen Menschen inspirieren. Wann immer es eine Gelegenheit dazu gibt, möchte ich erfahren: »Was war die größte Hürde in Ihrem Leben? Wie haben Sie sie gemeistert?« Egal, ob ihre Herausforderungen mit meinem Leben zu tun haben oder nicht: Ich kann von jeder Geschichte profitieren. Im Laufe der Zeit habe ich an der Art, wie mir die Anekdoten erzählt werden, viel über die Einstellung der Erzähler erfahren. Manche sind angesichts meiner Frage sogar überfordert. Sie finden es wohl ungewöhnlich, dass ich mich für ihr Leben interessiere.

Bei diesen Gesprächen ist mir bewusst geworden, dass ich nicht in

Problemen, sondern in Herausforderungen denke. Das meine ich keineswegs arrogant, sondern im besten Sinne selbstbewusst. Auch in meinem Leben gab es Phasen, in denen es nicht so rund lief. Doch ich habe mich entschieden, mich nicht treiben zu lassen. Ich bestimme, wo es langgeht.

Aus jeder Niederlage kann ich etwas lernen. Jedes Schlechte hat sein Gutes, davon bin ich felsenfest überzeugt. Ein Misserfolg bedeutet in meinen Augen kein Scheitern, sondern eine unvorhergesehene Wendung im Leben. Wir sollten allerdings bereit sein, unsere Fehler zu analysieren und daraus Rückschlüsse zu ziehen, damit wir es beim nächsten Mal besser machen können. Um sogenannte Misserfolge in Erfolge umzuwandeln.

Dieser Ansatz gilt auf der Makro- wie auf der Mikroebene. Schauen wir uns zum Beispiel das Bestreben der Menschheit an, Innovationen hervorzubringen. Dem deutschen Luftfahrtpionier Otto Lilienthal wäre es Ende des 19. Jahrhunderts wohl niemals gelungen, als erster Mensch wiederholt 250 Meter lange Gleitflüge zu fliegen, wären er und viele andere Mutige vor ihm nicht unzählige Male gescheitert. Seine Leistung wurde nur möglich, weil er Misserfolge zuvor als Ansporn verstanden hatte, es besser zu machen, anstatt aufzugeben.

Dasselbe können wir in die heutige Zeit übertragen. Ist es hinnehmbar, wenn selbstfahrende Autos Unfälle verursachen und Menschen dabei verunglücken? Nein, es ist schrecklich. Verletzte oder gar Tote müssen vermieden werden. Jeder Todesfall ist einer zu viel. Wird die Entwicklung des autonomen Fahrens deshalb eingestellt werden? Nein, auf keinen Fall. Weil es Fortschritt bedeutet und die Menschheit voranbringt.

Betrachte ich es auf der Mikroebene, an meinem persönlichen Beispiel, fallen mir meine Boxniederlagen in den Jahren 2003 und 2004 ein. Sie waren bitter, ich habe an mir gezweifelt. Wollte ich deswegen aufgeben und das Boxen sein lassen? Nein, niemals. Denn ich hatte ein Ziel: Ich wollte alle wichtigen Weltmeistergürtel zusammen mit meinem Bruder Vitali in unserer Familie vereinen. Dazu musste ich weitermachen.

Tatsächlich ist es kein Hexenwerk, sich von einer passiven, negativen Gefühlslage in eine aktive, motivierende Stimmung zu bringen. Wir müssen uns lediglich aktiv dafür entscheiden, denn niemand anders kann das für uns übernehmen.

Ich habe es über Jahre erprobt und intuitiv eine Methode entwickelt, die aus dem Problem eine Herausforderung macht und fünf Schritte beinhaltet. Hangeln Sie sich an diesen fünf Punkten entlang, fällt es Ihnen leicht, lösungsorientiert vorzugehen und sich aus dem Hamsterrad zu befreien.

1. Zielsetzung: Haben Sie ein Ziel oder lassen Sie sich treiben? Definieren Sie ganz genau, was Sie erreichen wollen.

2. Konsequenzen: Malen Sie sich ein Worst-Case-Szenario aus und stellen Sie sich vor, was passiert, wenn Sie Ihr Ziel nicht angehen.

3. Vorstellung: Halten Sie sich das Best-Case-Szenario vor Augen: Stellen Sie sich vor, Sie sind am Ziel. Wie fühlt es sich an? Was tun Sie?

4. Weggefährten: Bevor Sie aktiv werden, brauchen Sie Mitstreiter: Wer sind Ihre Gefährten, die Sie auf Ihrem Weg zum Ziel begleiten?

5. Besessenheit: Überlegen Sie sich mindestens ein Ritual und entwickeln Sie einen Schlachtplan, um Ihr Ziel nicht aus den Augen zu verlieren. Damit können Sie sich das Bild Ihres Best-Case-Szenarios täglich in Erinnerung rufen. Lieben Sie, was Sie tun.

Ich wende diese Methode in vielen Lebenslagen an. Etwa um mich auf meinen kommenden Boxkampf vorzubereiten. Oder um die Motivation eines potenziellen Mitarbeiters kennenzulernen sowie mich vor einer Verhandlung zu strukturieren.

Der Reihe nach:

Mein Ziel

Schauen wir in den Boxring zu den Olympischen Sommerspielen 1996 in Atlanta in den USA. Seit Jahren war es meine Vision, mein ganz großer Wunsch: Als erster Schwergewichtler aus der ehemaligen Sowjetunion eine Olympische Goldmedaille zu holen.

Will ich ein Ziel erreichen, muss ich es klar und knapp benennen können. Je konkreter, desto besser. Das Wichtigste ist allerdings, dass ich es wirklich erreichen will. Dass ich bereit bin, dafür zu kämpfen, sonst gebe ich beim kleinsten Widerstand auf.

Im Hinblick auf Olympia bedeutet es: Ich wollte siegen, nicht einfach nur teilnehmen. Das wäre in meinen Augen ein »Wischiwaschi-Ziel« gewesen, das mir viele Hintertüren offen gelassen hätte. Damit ich hinterher nicht sagen konnte: »Bronze reicht ja auch.«

Bei Managern fällt mir häufig auf: Sie sind gut darin, Ziele für ihre Mitarbeiter oder die Firma zu formulieren. Sich selbst vergessen sie dabei allerdings häufig. Oder sie verfolgen Ziele ohne eigene Überzeugung und eigenen Willen, sondern viel eher, weil sie am Ende mit einem Bonus belohnt werden. Vor dem Hintergrund wundert es mich nicht, dass manche Ziele nur vage oder gar nicht erreicht werden.

Spreche ich mit Führungskräften über dieses Dilemma, erzähle ich ihnen gerne einen harmlosen Witz:

Ein alter Mann stirbt und kommt in den Himmel. Bei Gott angekommen, unterhält er sich mit ihm über sein Leben. »Ich war dir mein Leben lang treu«, sagt er. »Warum hast du mich denn nicht einmal im Lotto gewinnen lassen und mich zu einem reichen Mann gemacht?«, will er von Gott wissen. Der runzelt die Stirn und antwortet verwundert: »Dazu hättest du dir zuerst einen Lottoschein kaufen müssen.«

Soll heißen: Treffen Sie alle Vorbereitungen und engagieren Sie sich für Ihr Ziel. Verkrampfen Sie nicht, Widerstände sind dafür da, um den Kurs zu regulieren, auf dem Sie sich befinden. Nehmen Sie sich nicht zu viel vor. Achten Sie umgekehrt darauf, dass Ihre definierten Einzelziele zu Ihren Lebenszielen und Träumen passen.

Zugegebenermaßen ist es im Sport verhältnismäßig einfach, sich ein großes Ziel zu setzen. Im Geschäftsleben wirkt es dagegen manchmal schwieriger. Wenn ich in einer undurchschaubaren Gemengelage Übersicht brauche, denke ich gerne an das, was ich von den »Navy Seals«, einer Spezialeinheit des US-amerikanischen Militärs, kenne. Um Ziele zu setzen, sollte jeder zuvor gelernt haben, richtig zu zielen. Die Seals nehmen ihr Ziel ins Visier, indem sie gar nicht auf ihr Zielobjekt fokussieren, sondern vielmehr einige Punkte drum herum im Blick haben. Sie konzentrieren sich auf das, was die Kimme am Gewehrlauf eingrenzt. Das eigentliche Ziel nehmen sie lediglich verschwommen wahr.

Dieses Vorgehen erscheint mir eine gute Blaupause für den Job und auch den Alltag. Weil es uns hilft, unsere Ziele zu priorisieren. Wir können die unwichtigen Ziele ohne schlechtes Gewissen aus dem Gedächtnis streichen, ohne jedoch den nächsten Schritt aus den Augen zu verlieren. Eine ganz konkrete Übung veranschaulicht dies: Denken Sie an Ihren nächsten großen beruflichen Schritt. Behalten Sie ihn im Hinterkopf und notieren Sie 25 Ziele, die Sie brauchen, um diesen Schritt umzusetzen. Danach bringen Sie diese Ziele in eine Hierarchie (Ziel Nr. 1 = wichtig, Nr. 25 = unwichtig). Streichen Sie nun alle Ziele ab Nummer sechs. Nicht nur demonstrativ auf dem Papier, sondern auch aus Ihrem Kopf. Sollte künftig einer der gestrichenen Punkte in Ihren Gedanken auftauchen, schieben Sie ihn bewusst und ohne Reue beiseite. So können Sie sich wirklich konzentrieren auf das, was vor Ihnen liegt.

In diesem Sinne: Machen Sie es nicht wie der alte Herr, der sich sein Leben lang einen Lottosieg erträumte. Bleiben Sie nicht im Vagen. Formulieren Sie Ihre Ziele, auch Ihre Lebensziele, und arbeiten Sie daran, sie zu erreichen.

⇨ Wollen Sie Ihre Ziele bewerten oder neu priorisieren, gehen Sie einen Schritt zurück und betrachten Sie eine andere Ebene. Der Perspektivwechsel hilft Ihnen, Ihren Blick zu schärfen.

2. Die Konsequenzen

Zurück zu Olympia 1996, das ich unbedingt mit einer Goldmedaille in der Tasche verlassen wollte. Damals wie auch heute stelle ich mir vor wichtigen Entscheidungen folgende Fragen: Was würde passieren, wenn ich das Ziel nicht erreichte? Wie fühlt es sich an, wenn alles beim Alten bliebe? Wenn ich die Herausforderung nicht annähme?

Ich versetze mich mental so in diese Situation, dass mich schon bei der bloßen Vorstellung ein eisiger Schauer überkommt und ich mich gescheitert fühle. Nur so bin ich in der Lage mich zu motivieren, meinen Weg zum Ziel fortzusetzen. Selbst wenn er steinig ist.

Mein Gegner im Olympischen Finale sollte Paea Wolfgramm sein, ein

130-Kilo-Mann aus Tonga. Er war ein Koloss von einem Boxer. Doch was, fragte ich mich, wenn ich ihn nicht besiegen würde?

Ich würde aussehen wie nach meinen ersten Kämpfen auf dem Sportinternat: Grün und blau im Gesicht, mit Rissen und blutigen Wunden überzogen, sodass ich mich nicht mehr im Spiegel erkennen würde. Mit fürchterlichen Schmerzen, die mich in den Folgetagen behindern und mich daran erinnern würden, dass ich die Herausforderung nur halbherzig angenommen hatte.

Ich würde mich selbst wahnsinnig enttäuschen, genauso wie meinen Bruder, meine Familie und meine Fans. Und vermutlich könnte ich den Start als Profiboxer vertagen. Weil ein Silbermedaillengewinner nicht mal halb so viel wert ist wie ein Goldjunge.

Ich dachte mich sehr intensiv in diese Konsequenzen hinein, sodass ich das Unbehagen förmlich spürte. Dieses schreckliche Gefühl, womöglich verprügelt zu werden und mich selbst zu enttäuschen, war ein unglaublicher Treiber. Ich wollte mein Ziel erreichen. Ich wollte die Goldmedaille.

⇨ Was passiert, wenn Sie Ihr Ziel nicht erreichen? Denken Sie sich intensiv in die Situation hinein. Beschönigen Sie nichts und stellen Sie sich das Gefühl vor, das Sie spüren, wenn Sie nichts verändern. Dieses Schaudern ist Ihr Antrieb für Veränderungen.

3. Die Vorstellung

Ich bin ein visueller Mensch. Gesichter kann ich mir gut merken. So gut wie alle Menschen, mit denen ich mich in den vergangenen Jahren länger unterhalten habe, erkenne ich wieder. Meist erinnere ich sogar noch das Umfeld, in dem das Treffen stattfand. Anders sieht es mit Namen aus.

Dementsprechend nutze ich Bilder, um mich zu motivieren und mir wie mit einem Fingerschnippen mein Ziel in Erinnerung zu bringen. Ich in der Siegerpose nach einem wichtigen Kampf beispielsweise, mit den Fäusten in der Luft, einem Grinsen im Gesicht und dem jubelnden Publikum im Hintergrund. Dieses Bild ist das Erste, was mir am Morgen in den Sinn kommt und das Letzte, woran ich abends denke.

Damals, im Sommer 1996, pflegte ich dieses Ritual ebenfalls. Ich hatte sogar eine Art Film im Kopf: Ich erinnerte mich an meinen Kampf bei den ukrainischen Jugendschwergewichtsmeisterschaften. Ich war 15 Jahre alt und erreichte gerade eben das Minimalgewicht von 85 Kilogramm. Mein Gegner im Finale war ein starker Athlet. André Klein war sein Name, daran erinnere ich mich noch genau, denn er war alles andere als zierlich. Mit 120 Kilo war er ein Berg. »Das schaffe ich nie«, dachte ich. Sein Körper wirkte wahnsinnig massiv, außerdem war er überheblich. Wir saßen vor dem Kampf in den uns zugeteilten Ecken im Ring und er tönte: »Den Klitschko mach ich fertig. Den hau' ich in der ersten Runde um ...« »Vielleicht haust du mich um«, antwortete ich, »doch sicherlich nicht in der ersten Runde.« Drei Runden, so nahm ich mir vor, wollte ich unbedingt überstehen.

Also tänzelte ich zu Beginn des Kampfes ausdauernd im Ring um ihn herum, sodass mein Gegner kaum eine Gelegenheit hatte, mich zu treffen. Ich überstand die erste Runde und rief ihm aus meiner Ecke zu: »Siehst du, du hast es nicht geschafft.« Ich freute mich, er grämte sich.

In der nächsten Runde machte ich das Gleiche und stellte überrascht fest: André Klein japste, offensichtlich war er schon aus der Puste. In der dritten Runde fasste ich mir ein Herz und schlug zu. Ich hätte es nie für möglich gehalten, doch tatsächlich schaffte ich es, ihn mit wenigen gezielten Schlägen K.O. zu schlagen. Er hatte eine dicke Lippe riskiert und sich fürchterlich überschätzt. Und ich konnte André Klein, riesig wie ein Bär, besiegen.

Diese Bilder sollten mir von da an immer im Kopf bleiben. Auch im Olympischen Finale programmierte ich mich regelrecht mit dieser Situation: Ich rief die Bilder von dem massiven Klein im Kopf ab und nutzte sie, um mich zu motivieren. Ich dachte an den überheblichen Kerl, den ich trotz seines Gewichts besiegt hatte. Das gab mir einen Riesenschub, der mir half, den 130-Kilo-Mann aus Tonga tatsächlich zu besiegen.

⇨ Welches Bild kommt Ihnen in den Sinn, wenn Sie an Ihren Erfolg denken? Verinnerlichen Sie Ihre Siegerpose. Speichern Sie ähnliche Motivationsbilder auf Ihrem Smartphone und werfen Sie einen Blick darauf, wenn Sie zweifeln. Social-Media-Plattformen wie Instagram oder Pinterest sind übrigens eine gute Inspirationsquelle.

4. Die Weggefährten

Bevor ich beginne, mein Ziel zu verfolgen, brauche ich Sparringspartner, Begleiter, manchmal auch Experten. Egal, ob ich mich auf einen Boxkampf vorbereite, ein Projekt anstoße oder eine Präsentation vor großem Publikum halte: Ich suche mir Menschen, die mir helfen, besser zu werden. Die mit mir trainieren, die mir Feedback geben, die mich unterstützen oder die schlicht dasselbe Ziel haben wie ich. Nur im Team bin ich gut, als Einzelkämpfer komme ich nicht weit.

Es gibt ein englisches Sprichwort, nach dem ich mich gerne verhalte: »If you are the smartest person in the room, you are in the wrong room.« Das beinhaltet, dass ich auch bei neuen Mitarbeiterinnen und Mitarbeitern immer auf der Suche nach klugen Köpfen bin. Ich freue mich, wenn ich Menschen um mich herum habe, die smart sind und mich weiterbringen.

Dass ich mich als Boxer, der seinem Gegner stets alleine gegenübertritt, als Teamplayer verstehe, mag womöglich komisch klingen. Doch jeder Sport ist ein Teamsport – egal, ob ich mit zehn Kollegen auf dem Feld stehe oder alleine im Ring überzeugen muss. Im Spitzensport ist es unmöglich, sein Ziel ohne Weggefährten, Partner und Teamkollegen zu erreichen.

Bei der Vorbereitung auf einen Kampf sind das mein Trainer, meine Sparringspartner im Ring, mein Physiotherapeut, mein Koch sowie meine Mitarbeiter im Hintergrund, die die Vermarktung übernehmen, Verträge aushandeln oder Pressearbeit machen. Das mag nebensächlich klingen, ist es jedoch nicht. Jeder Einzelne trägt dazu bei, dass ich erfolgreich sein werde und ich mich auf das Wesentliche konzentrieren kann. Ihnen allen ist bewusst, dass ich ihre volle Unterstützung brauche, um ans Ziel zu kommen.

Manchmal ist es sogar ein Gegner, der mich zum Ziel führt. Nicht, weil er besonders leicht zu schlagen ist, sondern weil er mich motiviert, meine Vorbereitung umzustellen oder mir andere Impulse gibt.

Das bedeutet: Weggefährten müssen nicht unbedingt mit mir an einem Strang ziehen, sondern sie tragen auf die eine oder andere Weise dazu bei, dass ich das erreiche, was ich mir vorgenommen habe.

⇨ Sie brauchen Begleiter, um Ihr Ziel besser, schneller, motivierter und sicherer zu erreichen. Erstellen Sie eine Liste möglicher Weggefährten: Wer steht für welche Motive und Interessen? Vereinbaren Sie nur Kooperationen, wenn sie gewinnbringend für beide Seiten sind.

5. Die Besessenheit (die Liebe zum Ziel)

Ohne Durchhaltevermögen ist kein Mensch langfristig erfolgreich. Doch das alleine genügt nicht, um Herausragendes zu leisten. Wer Überdurchschnittliches leisten möchte, braucht Leidenschaft. Ich muss für meinen Sport, meinen Job, meine Ideen brennen, um langfristig zu den Besten zu gehören. Ich brauche Besessenheit.

Interessanterweise ist der Begriff in der deutschen Sprache negativ besetzt. Besessenheit, da klingen Verbissenheit, ein bisschen Wahnsinn und Verrücktheit mit. Für mich ist Besessenheit die Liebe zum Ziel.

Es ist Besessenheit, die Sportler zu Spitzenleistungen und Künstler zu kreativen Höchstleistungen anspornt.

Ich liebe, was ich tue, sonst hätte ich nie so lange durchgehalten. Es ist doch etwas Herrliches, wenn ich ein Ziel verfolge und phasenweise wie im Rausch daran arbeite. Das weiß ich nicht nur aus meinen Trainingscamps oder von anderen Gelegenheiten als Athlet. Das kenne ich auch als Geschäftsmann, wenn ich mit meinem Team an einer Strategie feile oder abtauche, um im gemeinsamen Austausch etwas völlig Neues zu kreieren.

Besessenheit ist eine nachhaltige Begeisterung, die keine Ausreden zulässt und keine Entschuldigung. Ich verstehe sie als grandiosen Motor, der mich unglaublich antreibt. Auch deshalb ist es wichtig, dass ich für mich und wir als Team gemeinsam große und langfristige Ziele definieren. Denn für Mikroziele kann sich keiner begeistern, geschweige denn wirklich brennen.

Wie gelingt es mir also, Besessenheit zu entwickeln? Wie schaffe ich es, mein Ziel zu lieben? Wie schärfe ich meine Sinne dafür? Voraussetzung ist, dass ich mich mit dem identifiziere, was ich tue. Dass ich es mag. Ich sollte mir immer wieder vergegenwärtigen, dass ich mich bewusst für meine Herausforderung entschieden habe. Fünf Kriterien machen mich besessen:

5 Kriterien für Besessenheit:

1. »Bleibe immer in Bewegung«: Sobald ich mein Ziel im Visier habe, marschiere ich los. Gerade auf die Ziellinie zu. Denn wer unschlüssig ist, verliert die Orientierung. Die Versuchung, stehenzubleiben, wird größer. Stehenzubleiben bedeutet jedoch, einen Rückschritt zu machen. Das habe ich von meinem Vater aus dem Militärumfeld mitbekommen. Es ist bekannt, dass die Armee darauf gedrillt wird, auf einer Mission nach vorne Richtung Ziel zu marschieren. Selbst wenn die Angst im Kopf will, dass ich mich umdrehe und weglaufe. Das gilt es zu vermeiden, um jeden Preis.

Oliver Wurm, Medienunternehmer und einer der Dozenten in St. Gallen, hat einen anderen Blick auf die Dinge, kommt jedoch zu demselben Ergebnis. »Auch auf die Schnauze zu fallen, ist eine Bewegung nach vorn«, sagt er. Dies beinhaltet die Weisheit, dass Dinge, die schief laufen, nicht automatisch eine Niederlage darstellen. Unter Umständen ändert sich schlicht und einfach die Richtung des Weges.

2. »Schmerzen sind Ängste, die unseren Körper verlassen«: »Pain is fear leaving your body«, auch dieses Zitat stammt aus dem militärischen Jargon. Es impliziert, dass wir Schmerzen in gewissen Dosen ertragen sollten, weil sie uns stärker machen und fit für größere Herausforderungen.

Sind sie besonders groß, ist es keine Schande, ängstlich zu sein. Im Gegenteil: Angst zu haben ist gesund, weil sie uns mobilisiert. Nur feige zu sein, ist eine Sünde. Weil wir dann die Kontrolle verlieren.

Noch etwas schwingt mit beim Gebrauch des Spruchs unter Soldaten: Habe ich Schmerzen, weiß ich nach einer Verwundung, dass ich am Leben bin.

Zwar gibt es im Sport- oder Arbeitsalltag wenig Parallelen zu solchen Verletzungen, dennoch hat das Zitat seine Gültigkeit. Weil es besagt, dass wir negative Gefühle, vielleicht sogar Angst, überwinden müssen, um unser Ziel zu erreichen. Wenn wir Unangenehmes gemeistert und uns nicht abschrecken lassen haben, sind wir beim nächsten Mal gestärkt und kommen leichter ans Ziel

3. »Widerstand«: In guten Zeiten bereite ich mich auf die schlechten vor. Denn eines ist sicher: Auf jedem Weg, der mich zu meinem Ziel führt, werde ich Widerstand erleben von mir selbst oder von außen.

Essenziell ist dabei, dass ich es mir im Vorwege bewusst mache. Denn stelle ich mich darauf ein, bin ich gewappnet. Dann hauen Hindernisse und Hürden mich nicht um, sondern lassen mich meinen Weg überdenken und gegebenenfalls anpassen. Ein gesunder Egoismus unterstützt mich bei dieser Einstellung. Denn nur, wenn ich an mich denke und mich mit der Situation gut fühle, habe ich die Souveränität, Widerstände zu überwinden.

4. »Sei mehr-, nicht eindimensional«: Jedes Ziel ist auf unterschiedlichen Wegen zu erreichen, und kein Weg gleicht dem anderen. Ich versuche in allen Lebenslagen, nicht schwarz oder weiß zu denken, sondern die Sichtweise aller Parteien zu sehen und zu begreifen. Arbeite ich beispielsweise mit Partnern zusammen, ist mir immer daran gelegen, die Ansichten und Beweggründe des anderen zu verstehen. Einigen wir uns darauf, ein Stück des Weges gemeinsam zu gehen, um ein Ziel zu erreichen, bin ich nur bereit dazu, wenn sich unsere Ansätze ergänzen. Wenn sich Synergien ergeben, von denen beide profitieren. Steht am Ende keine bessere Lösung in Aussicht, verzichte ich lieber auf eine Kooperation.

5. »Mache deine Hausaufgaben«: Um mich voll in ein Projekt stürzen zu können, muss ich wissen, dass ich meine Energie und Passion sinnvoll investiere. Alles andere wäre kopflos, nicht besessen. Deswegen ist es mir wichtig, dass ich Bedeutung und Sinnhaftigkeit meines Vorhabens und meines Ziels gut beleuchte und die Auswirkungen analysiere, bevor ich loslege.

Im Vorwege eines Boxkampfes ist dies besonders wichtig. Als ich im Frühjahr 2017 gegen Anthony Joshua antrat, gab es beispielsweise besonders viele Themen zu bearbeiten. Bei 90 000 Zuschauern im Londoner Wembley-Stadion war das Interesse schon im Voraus riesig. Wir legten einen regelrechten Schlachtplan an, um alle Hausaufgaben zu erledigen. Welches Datum sollten wir wählen, wie die Medienauftritte planen, wie mein Training organisieren, welche Sparringspartner auswählen, wie den Ernährungsplan gestalten, in welchem Hotel absteigen? Tausend Fragen, die alle adressiert werden mussten, damit ich mich voll und ganz auf die sportliche Vorbereitung fokussieren konnte. Und um besessen auf mein Ziel hinzuarbeiten.

Erfolgsbilder:

Damit ich langfristig erfolgreich bin, ist es essenziell, dass ich die Erfolgs-momente konserviere und wie in einem Ritual abrufe. Erfolgsbilder – wie unter »Vorstellung« beschrieben – helfen mir, mich in eine positive und motivierte Stimmung hineinzuversetzen. Denn selbstredend spüre auch ich Besessenheit (diese nachhaltige Begeisterung) nicht in jeder Sekunde meines Lebens. Ziehe ich mir etwa zu Beginn meines Trainings die Sport-schuhe an und bin vielleicht angeschlagen oder müde, hole ich mir diese aussagekräftigen Bilder ins Gedächtnis. Wenn ich es dann förmlich fühle, was es bedeutet, ein Olympiasieger zu sein und wie gut es tut, meine hoch gesteckten Ziele zu erreichen, habe ich den Kick und beginne mit dem Training. Anfangs zuversichtlich, im Laufe der Zeit wie ein Besessener.

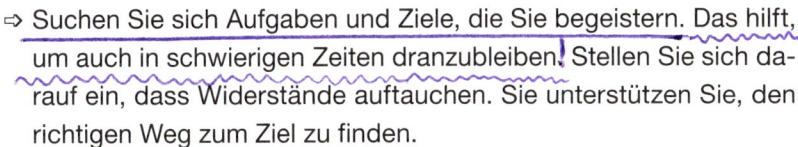

⇨ Suchen Sie sich Aufgaben und Ziele, die Sie begeistern. Das hilft, um auch in schwierigen Zeiten dranzubleiben. Stellen Sie sich da-rauf ein, dass Widerstände auftauchen. Sie unterstützen Sie, den richtigen Weg zum Ziel zu finden.

Allen, die meinen, dass diese Fünf-Schritte-Methode nur im Sport funktioniert, möchte ich folgendes Beispiel schildern: Seit wir begonnen haben, eine Organisation für meine »Karriere nach der Karriere« auf-zubauen, brauchen wir Verstärkung für unterschiedliche Bereiche.

Als ich die Stelle eines Geschäftsleiters für eine neue Einheit besetzen wollte, hatte ich in jedem Bewerberinterview meine fünf Schritte im Kopf. Sie halfen mir dabei, den perfekten Kandidaten für die Position zu finden:

1. Ziel: Das Ziel des Bewerbers musste sein, die Stelle zu bekommen und die Geschäftsidee in ein tragbares, geschäftsfähiges Konzept umzusetzen.

Also fragte ich: »Wie wollen Sie dieses Ziel erreichen? Und was möchten Sie beruflich wie privat damit realisieren? Warum ist dieses Ziel wichtig für Sie?«

Die jeweiligen Antworten zeigten mir deutlich, wie strukturiert die Be-werber dachten, wie sie an ihre Aufgabe herangehen würden und welche Ideen sie hatten, um den Job mit Leben zu füllen.

Ich erwarte, dass meine Mitarbeiter für ihren Job brennen. Dass sie alles tun, um das gemeinsam gesteckte Ziel zu erreichen. Höre ich im Be-werbungsgespräch heraus, dass die Aufgabe bei uns nur eine Option unter vielen ist, verliere ich das Interesse an dem Kandidaten. Häufig beende ich das Gespräch umgehend, weil mir deutlich wird: Diesen Kandidaten müsste ich fortwährend motivieren, unsere Ziele zu erreichen. Das würde mich jedoch langfristig demotivieren.

2. Konsequenzen: Was passiert, wenn der Bewerber oder die Bewerberin den Job nicht bekäme? Was waren die Kandidaten bereit, für den Job zu geben bzw. was würde passieren, wenn wir ihnen absagten? Und was würde geschehen, wenn sie die Stelle bekämen, das definierte Ziel allerdings nicht erreichten?

Wollen sie diesen Job, weil er ganz interessant klang, oder wäre es für sie eine Katastrophe, sich diese Chance entgehen zu lassen?

Ich erwarte, dass Bewerber mir zeigen, wie leidensfähig sie sind und wie sehr sie den Job wollen. Antworten sie, es hätte keine Konsequenz, wenn sie die Stelle nicht bekämen, sind sie für mich uninteressant. Dann ist der Bewerber kein Kandidat.

3. Vorstellung: Ich wollte von ihnen wissen, welches Bild sie sich vorstellen in dem Moment, in dem sie oder vielmehr wir unser Ziel erreicht hätten. Wie würde unsere Launch- bzw. Eröffnungsparty aussehen, welchen Erfolg hatten sie vor Augen?

Das zeigte mir: Wie groß dachten sie? Welche Visionen hatten sie? Wie innovativ waren sie? Wie viele Fragenzeichen brachten sie mit und wie risikofreudig oder -scheu zeigten sie sich?

4. Weggefährten: Welche Menschen sind nötig, um unsere Geschäftsidee bestmöglich anzuschieben? Welches sind die naheliegenden Unterstützer, welche könnten hilfreich sein, obwohl es auf den ersten Blick nicht so scheint?

Von den Kandidatinnen und Kandidaten wollte ich wissen: Welche Kontakte würden sie womöglich mitbringen? Welche Wegbegleiter vordringlich ›akquirieren‹? Und wie verhielten sie sich, wenn sie feststellten, dass ihre ehemaligen Konkurrenten, vielleicht sogar Feinde, die idealen Wegbegleiter wären?

Bei den Antworten wurde mir schnell deutlich, wer loyal und ehrlich war. Da die meisten Bewerber nicht mit solchen Fragen rechneten, antworten sie entweder sehr verhalten oder sehr ehrlich. Für beides habe ich seit Langem einen guten Riecher.

5. Besessenheit: Ich brauche Mitarbeiter, die sich in ihrer Arbeit, ihren Ideen und unserer Vision wiederfinden und sich voll in ihre Aufgabe stürzen. Was nicht heißen soll, dass sie Tag und Nacht arbeiten. Sie sollten in der Lage sein, heiße Projektphasen als solche zu erkennen und dann all ihre Leidenschaft und Kreativität einzubringen. Meine Mitarbeiter sollen sich mit ihrer Aufgabe identifizieren. Wichtig ist mir, dass alle ihren Platz im Team kennen, verstehen und spüren.

Daher stellte ich auch den Bewerberinnen und Bewerbern die simple Frage: »Wie sehr wollen Sie diesen Job?« Gäbe es eine vergleichbare Aufgabe, die sie machen würden?

Und schließlich: Konnten sie sich vorstellen, in den ersten Monaten alles dieser Aufgabe unterzuordnen?

Dazu passt ein Witz, den ich Bewerbern gelegentlich erzähle:

Kommunistische Parteiideologen führen ein Interview mit einem Kandidaten, um zu prüfen, wie es um seine Überzeugung steht.

Sie fragen: »Bist du bereit, für die kommunistische Partei mit dem Rauchen aufzuhören?«

Der Kandidat antwortet: »Oh, ich liebe das Rauchen. Das wird mir schwerfallen. Aber gut, für die Partei gebe ich es auf.«

Die Genossen fragen weiter: »Bist du bereit, für die Partei mit dem Trinken aufzuhören?«

Er stutzt und antwortet: »Oh herrje, Trinken ist mein Lieblingslaster … Aber gut, für die Partei höre ich damit auf.«

Die Kommunisten stellen eine dritte Frage: »Bist du bereit, für die Partei enthaltsam zu leben und dem Sex zu entsagen?«

Der Kandidat ist entsetzt: »Was? Was verlangt ihr da von mir? Das ist unmenschlich. Aber gut, wenn das die Bedingung ist, lebe ich für die Partei enthaltsam.«

Zu guter Letzt fragen die Genossen: »Wärst du auch bereit, für die Partei dein Leben zu opfern?«

Die Kandidat antwortet wie aus der Pistole geschossen: »Ja, klar.«

Die Kommunisten sind überrascht. »Warum hast du dieses Mal so schnell eingewilligt?«

»Klare Sache«, sagt der Kandidat. »Ohne Rauchen, Trinken und Sex ist es doch eh kein Leben mehr.«

Es ist eine alberne kleine Geschichte, die mit einem Augenzwinkern transportiert, dass ich Begeisterungsfähigkeit von meinen Mitarbeitern verlange. Verstehen Bewerber dies, lachen sie über den Witz und merken womöglich scherzhaft an, dass sie ihre Laster gerne behalten würden. Ticken Bewerber hingegen ganz anders, gucken sie in der Regel sparsam aus der Wäsche, wenn ich die kleine Geschichte erzähle.

Zusammenfassung

- Die Art und Weise, wie ich den Herausforderungen des Lebens begegne, bestimmt die Ergebnisse, die ich erziele.
- Gehe ich passiv und ängstlich an Aufgaben heran, blockiere ich mich in meinem eigenen Handeln.
- Sehe ich Hürden als sportliche Übungen an, ist die Wahrscheinlichkeit höher, dass ich sie überwinde.
- In fünf Schritten gelingt es mir, ein Problem in eine Herausforderung zu verwandeln.

Teil II

Meine zwölf Antworten auf Herausforderungen

Jedes Problem ist einzigartig. Jede Hürde, jeder Widerstand und jede Lösung entsteht aus einer spezifischen Situation heraus. Dennoch habe ich festgestellt, dass sich die Muster der Herausforderungen wiederholen. Egal, ob im Job oder im Alltag. Ich habe Antworten auf diese grundlegend ähnlichen Situationen gefunden und zwölf Wege identifiziert, wie ich den Herausforderungen konkret begegne. Meine Lösungen kommen aus dem Sport, inzwischen haben sie sich längst auch im Business bewährt.

Coopetition ermöglichen und nutzen

> Coopetition ist die Verbindung von Cooperation (Kooperation) und Competition (Wettbewerb). Hinter Coopetition steckt die Idee, dass nicht nur Kooperationspartner, sondern auch Wettbewerber zusammenarbeiten und davon profitieren. Mal ist der Antrieb, Ressourcen zu sparen und die Umwelt zu schonen, mal steckt der Wunsch dahinter, Know-how und Erfahrungen zu teilen, um die eigene Position zu stärken. Denn längst fehlen auch dominierenden Playern Kapazitäten oder Kompetenzen, um Trends und Neuheiten in hohem Tempo im Alleingang umzusetzen.

Meine Erfahrung als Sportler

Die Boxwelt ist so etwas wie ein Hort der Coopetition. Als aufgeschlossener und flexibler Mensch gefällt mir die Idee des kooperativen Wettbewerbs gut. Ich bin davon überzeugt, dass ich nur besser werde, wenn ich mich anderen, zum Beispiel Wettbewerbern oder Konkurrenten, gegenüber öffne. Als Lehrer lerne ich mindestens genauso viel wie mein Schüler. Bei der Vorbereitung auf einen Kampf trainiere ich stets mit Sparringspartnern, die später meine Gegner werden können. So etwa im April 2017, als ich in London gegen Anthony Joshua antrat. Er hatte 2014 mit mir trainiert, als ich mich auf meinen Kampf gegen Kubrat Pulew vorbereitete.

Regelmäßig gebe ich meinen Sparringspartnern praktische Tipps und sogar Einblicke in meinen Trainingsplan. Selbst meine Boxschuhe, die ich aus Unzufriedenheit über die am Markt erhältlichen Produkte selbst entwickelt habe, mache ich einigen zugänglich. Vor Jahren schon setzte ich mich mit Sportschuhspezialisten zusammen, ließ Prototypen herstellen und arbeitete so lange an den Entwürfen, bis ich den perfekten Boxschuh hatte. Statt diesen Boxstiefel jedoch als geheim zu haltenden Wettbewerbsvorteil zu sehen, biete ich meinen Sparringspartnern an, ebenfalls Maßanfertigungen für sie machen zu lassen.

Meine Erfahrung als Unternehmer

Der kooperative Wettbewerb ist noch an anderer Stelle im Boxumfeld zu Hause. Promoter – oder Boxställe, wie sie hierzulande genannt werden – sind einerseits Konkurrenten um die besten Sportler, andererseits müssen sie zusammenarbeiten, wenn es um das sogenannte Match-Making eines Kampfes geht. Beide sind daran interessiert, einen guten Boxkampf auf die Beine zu stellen, den möglichst viele Fans sehen wollen und der ein hohes mediales Interesse erfährt. Dass jeder für sich darauf bedacht ist, das beste Geschäft zu machen, schließt sich nicht aus.

Trend in der Wirtschaft

Am Beispiel der Automobilindustrie ist zu beobachten, was passiert, wenn sich erfolgsverwöhnte Konzerne nicht öffnen. Dann machen Branchenfremde ihnen das Geschäft streitig – egal, ob in der Entwicklung von Elektrofahrzeugen (Tesla) oder selbstfahrenden Autos (Google). Inzwischen denken Firmen wie VW, BMW oder Mercedes um. Mal tun sich die Konkurrenten zusammen, um den Kartendienst »Nokia Here« zu erwerben und für die Navigation ihrer Autos zu nutzen. Mal laden sie gemeinsam zum Autogipfel ein, um die Stärke ihrer Branche zu demonstrieren (siehe dazu in Teil III den Coopetition-Text von Frank Dopheide).

Progressiv denken und mutig handeln

Klingt in der Theorie simpel, ist in der Praxis häufig schwierig umzusetzen. Wer Neues schaffen will, muss sich von Konventionen lösen, bisherige Annahmen über Bord werfen, den Blickwinkel ändern und darf sich auch von Bedenkenträgern nicht aufhalten lassen.

Meine Erfahrung als Sportler

Ich habe mich noch nie darum geschert, wenn andere mir sagten: »Das geht nicht. Das haben wir noch nie so gemacht.« Entgegen der üblichen Praxis sah ich es etwa überhaupt nicht ein, mir einen deutschen Pseudonamen für meine Boxkarriere zuzulegen. Walter und Willi Klitschmann hatte man Vitali und mir zu Beginn unserer Profilaufbahn Mitte der 1990er Jahre vorgeschlagen. Wir lehnten dankend ab. Nicht nur, weil wir die Namen nicht mochten, sondern auch, weil wir es authentischer und ehrlicher fanden, unter unserem echten Namen anzutreten.

Wenn ich darüber nachdenke, woher meine Neigung kommt, gewohnte Bahnen infrage zu stellen und stattdessen progressiv zu denken und mutig zu handeln, egal, ob im Kleinen oder Großen, kommt mir meine Großmutter in den Sinn. Sie erzählte mir als Kind eine Geschichte, die mich beeindruckte:

Als junges Mädchen arbeitete sie in einem Restaurant, in dem hauptsächlich Militärs verkehrten. Die Zeiten waren schlecht, das Speiseangebot nicht üppig, die Ausstattung mies. Eines Tages fand ein hochrangiger Kommunist eine Kakerlake im servierten Essen. Er brüllte vor Wut und beorderte eine Bedienung an seinen Tisch. Dem Wirt schlotterten die Beine, er hatte Angst, dass der Gast veranlassen würde, das Restaurant zu schließen. Auch meiner Großmutter war mulmig zumute, doch sie gab sich mutig: Sie ging an den Tisch, griff nach der Kakerlake und schluckte sie flugs herunter. Zu dem Soldaten sagte sie mit charmantem Lächeln: »Entschuldigen Sie, dass eine angebrannte Zwiebel auf ihrem Teller gelandet ist.« Der Gast war erst sprachlos, dann besänftigt, der Wirt auf Wolke sieben und meine Oma bekam für ihren Einsatz sogar einen Bonus vom Chef. Mut lohnt sich.

Meine Erfahrung als Unternehmer

Ich habe Spaß daran, die Initiative zu ergreifen. Sehr gerne gehe ich neue Wege und probiere aus, was bislang niemand vor mir getan hat. Als Sportler sein eigener Vermarkter werden? Ist mir gelungen. Als Boxer einen Studiengang an einer Top-Wirtschaftshochschule initiieren? Habe ich geschafft. Und zudem noch eine Management-Disziplin wissenschaftlich zu erforschen, die andere motiviert? Ich bin mitten dabei.

Trend in der Wirtschaft

Unternehmen, die mutig sind und etwas grundlegend Neues probieren, haben zwei Möglichkeiten: Sie scheitern grandios oder sie statuieren im positiven Sinne ein Exempel. Bei der Kosmetikmarke Dove war Letzeres der Fall. Die Firma warb in einer Kampagne mit gewöhnlichen Frauen, die offensichtlich Problemzonen hatten und nicht dem gängigen Schönheitsideal entsprachen. Obwohl es viele Bedenkenträger gab, zogen die Verantwortlichen das Projekt durch und wurden belohnt. Der Umsatz stieg deutlich und Dove stieß eine Diskussion über das Frauenbild in der Öffentlichkeit an, die andere Hersteller, Initiativen und vor allem Frauen inspirierte.

Weg 3

Aus Niederlagen lernen und neues Potenzial ziehen

Wer verloren hat, fühlt sich oft als gescheitert – egal, ob beim Wettbewerb um einen Auftrag, beim Wetteifern um einen potenziellen Mitarbeiter oder bei Verhandlungen um eine Gehaltserhöhung. Diese Sichtweise ist allerdings nicht förderlich, um es beim nächsten Mal besser zu machen und erfolgreicher zu sein.

Meine Erfahrung als Sportler

Die Niederlagen, die ich als Profiboxer einstecken musste, kann ich an einer Hand abzählen. Zwei davon waren von wesentlicher Bedeutung für meinen Werdegang: im Herbst 2004 gegen Lamon Brewster sowie elf Jahre später gegen Tyson Fury. Jede Niederlage enttäuschte mich enorm. Doch sie spornten mich auch dazu an, weiter an mir zu arbeiten und mich zu verbessern. Beim ersten Mal krempelte ich alles um, was ich bislang getan hatte. Ich verpflichtete einen neuen Trainer, stellte einen Koch ein und holte einen neuen Physiotherapeuten, um nur einige der Änderungen zu nennen. Das Ergebnis gab mir Recht: Von da an gewann ich über Jahre jeden Kampf.

2015, nach der Niederlage gegen Fury, nahm ich die Verantwortlichkeiten in meinem Team ebenfalls unter die Lupe, blieb allerdings bei der bestehenden Mannschaft. Meinen Mitarbeitern konnte ich keine Fehler vorwerfen. Ich änderte viel eher Kleinigkeiten, beispielsweise definierte ich die Regeln im Trainingscamp neu. In den acht Wochen vor dem Kampf bin ich seitdem für niemanden ansprechbar und delegiere alles jenseits meines Trainings an mein Team.

Meine Erfahrung als Unternehmer

Auch als Geschäftsmann handhabe ich es ähnlich. Bin ich mit einer Investition auf die Nase gefallen, analysiere ich die Gründe, ziehe meine Schlüsse daraus und entscheide über weitere Schritte. Es ist menschlich, einen Fehler zu machen. Ihn zwei- oder mehrmals zu begehen, kommt einer Dummheit gleich. Als ich in den Anfängen des Internet-Hypes zusammen mit einem Partner in einen Onlineshop investierte, zog ich mich bald schon wieder zurück. Ich erkannte, dass hohe Investitionen, viel Know-how und Schnelligkeit nötig waren, um gegen die Großen der Branche anzukommen. Deshalb beschloss ich, kein weiteres Geld nachzuschießen. Mein Geld war damit zwar verloren, der Verlust jedoch überschaubar. Meine Lehre daraus: Ich analysiere den Markt und seine Rahmenbedingungen heute besser und tausche mich mit Kennern der Materie aus, bevor ich mich für ein Engagement entscheide.

Trend in der Wirtschaft

Ganz allmählich setzt sich hierzulande die Erkenntnis durch, dass Niederlagen durchaus etwas Positives in sich tragen. Auf sogenannten Fuck-up-Nights berichten gescheiterte Gründer vor großem Publikum von ihren Erfahrungen. So gibt es auch in Firmen das Verständnis, dass auf Fehler Erfolge folgen können. So geschehen etwa beim dänischen Spielzeughersteller Lego. 2004 kämpfte die Firma ums Überleben. Mit dem Merchandising von Harry Potter und anderen Filmfiguren hatte sie sich weit von ihrer DNA entfernt. Lego analysierte seine Fehler, korrigierte den Kurs und baute etwa sein Angebot für Mädchen aus. Längst steht das Unternehmen wieder gut da. Weil die Dänen aus ihren Fehlentscheidungen gelernt und die richtigen Schlüsse daraus gezogen haben.

Weg 4

Eigene Erfolge nutzen und andere teilhaben lassen

Wer erfolgreich ist, sollte der Gesellschaft etwas zurückgeben, damit diese wachsen kann. Dieser Gedanke gehört zu den Grundprinzipien einer sozialen Marktwirtschaft.

Meine Erfahrung als Sportler

»Kämpf für deine Träume«, sage ich allen jungen Menschen, die unsicher sind und sich entmutigen lassen. Manchmal meine ich das durchaus wörtlich. Vor Jahren habe ich zusammen mit Vitali die »KLITSCHKO Foundation« gegründet. Eine Stiftung, mit der wir der Gesellschaft etwas zurückgeben wollen. Ihr Ziel ist es, Kinder und Jugendliche aus benachteiligten Familien in der Ukraine zu unterstützen. Durch Sport- und Bildungsprojekte bestärken wir sie darin, sich in ihrem Leben durchzusetzen. Unser Motto nannten wir sogar »Fight for your dream!«

Meine Erfahrung als Unternehmer

Vor ein paar Jahren stellte ich im Schwimmtraining fest, dass mir schnell die Puste ausging, obwohl ich mich eigentlich fit fühlte. Ich schaute anderen Schwimmern zu, die für einen Wettkampf trainierten, und offensichtlich kannten sie meine Ausdauerprobleme nicht im Geringsten. Sie empfahlen mir, mit einem »Power Breath« zu arbeiten, einem Lungen- und Atemtrainer, der die Atemmuskulatur trainiert und damit die Lungen-funktion erhöht. Es ist ein simples Gerät. Eine Art Schnorchel, der das Lungenvolumen erweitert und dadurch für mehr Ausdauer und besser Konzentration sorgt. Ich kaufte mir ein solches Produkt, war begeistert, hatte jedoch spontan das Gefühl, noch mehr herausholen zu können. Ich bastelte an dem Gerät herum, schnitt hier etwas Schlauch ab und fügte dort etwas hinzu, bis ich es im Gebrauch perfekt fand.

Das, was am Markt angeboten wurde, war offensichtlich nicht von Sportlern entwickelt worden. Die Geräte waren unpraktisch. Entweder zu groß, um sie mitzunehmen, oder sie hatten nicht den richtigen Wider-stand beim Ein- und Ausatmen. Ich entwickelte schließlich meinen eigenen Lungentrainer und bin jetzt hoch zufrieden. Gemessen an meinen absol-vierten Runden im Training konnte ich meine Ausdauer um gefühlte 40 Prozent steigern.

Nach Jahren der Eigennutzung möchte ich das Produkt nun anderen zugänglich machen. Ich habe es Jahr um Jahr verbessert, sodass ich über-zeugt bin, das beste Gerät am Markt anbieten zu können. Damit auch andere Menschen, egal, ob Hobbysportler oder Profi, ihre Leistung ver-bessern und steigern können.

Trend in der Wirtschaft

Der deutsche Mittelstand ist traditionell dafür bekannt, Menschen, Institutionen oder Gemeinden in der Nähe seines Wirkungskreises zu unterstützen. Mal durch finanzielle Hilfen, mal durch Engagement seiner Mitarbeiter. Aus den USA schwappt zusätzlich ein Trend zu uns herüber, nach dem auch junge Senkrechtstarter zu Wohltäter werden. Der Such-maschinenkonzern Google investiert beispielsweise 1 Prozent seines Unternehmensgewinns in wohltätige Zwecke. Facebook-Gründer Mark Zuckerberg und seine Frau haben 99 Prozent ihres Aktienvermögens in eine Stiftung eingebracht. Und über »The Giving Pledge« verpflichten sich äußerst Wohlhabende, darunter Bill Gates, mindestens die Hälfte ihres Vermögens für wohltätige Zwecke zu spenden.

Weg 5
Langfristig planen und kontinuierlich Leistung erbringen

> Wer Erfolg will, braucht Visionen und Ziele – gepaart mit Durchhaltevermögen.

Meine Erfahrung als Sportler

Mein Job erfordert eine ganz eigene Zeiteinteilung. In den vergangenen fünfzehn Jahren bin ich im Schnitt zwei- bis viermal im Jahr zu einem Kampf angetreten. Das bedeutete pro Jahr höchst mögliche Belastung. Mindestens zweimal im Jahr jeweils acht Wochen Trainingscamp. Genauso häufig die Chance, den Ring als Sieger zu verlassen. Doch damit war es nicht genug. Schließlich konnte ich mich nicht die restliche Zeit zurücklehnen und Sport Sport sein lassen. Ich musste langfristig auf den nächsten Kampf, das nächste Jahr hin arbeiten und dabei kontinuierlich Leistung bringen. Mich fortwährend motivieren. Geschafft habe ich das, weil ich mir große Ziele setzte und mit Durchhaltevermögen, Disziplin und Geduld ans Werk ging.

Meine Erfahrung als Unternehmer

Die Entwicklung meiner Karriere nach der Karriere ist aus dem Wunsch heraus entstanden, langfristig zu planen. Dass ich beide Laufbahnen – als

Boxer und Unternehmer – tatsächlich mehrere Jahre parallel laufen lasse, liegt daran, dass mein Team und ich kontinuierlich Leistung erbringen. Suche ich nach dem Ursprung für meine Disziplin und mein Durchhaltevermögen, erinnere ich mich wieder einmal an meine Großmutter. Wenn ich früher nach der Schule bei ihr meine Hausaufgaben machte und über die Fülle an Stoff insbesondere in Mathe stöhnte, reagierte sie vorbildlich. Sie schimpfte nicht, weil ich lustlos war, sie redete die Aufgabe allerdings auch nicht klein. Dranbleiben ist wichtig, betonte sie: »Mach 20 Minuten Mathe, dann ein anderes Fach und danach wieder Mathe.« Dranbleiben durch Abwechslung. Diesen Ansatz vertrat meine Großmutter in allen Lebenslagen. Heute gebe ich ihn an meine Mitarbeiter und Kollegen weiter.

Trend in der Wirtschaft

Unternehmen sind es ihren Mitarbeitern und Anteilseignern schuldig, langfristig zu planen. Ohne Vision und Strategie wüssten Belegschaften nicht, warum sie sich Tag für Tag zur Arbeit begeben und kontinuierlich Leistung bringen sollten. Ein Blick in hiesige Konzerne zeigt, dass solche Langfristpläne höchst unterschiedlich ausformuliert werden. Siemens will dank seiner »Vision 2020« schneller wachsen als seine fünf wichtigsten Wettbewerber. Der Automobilhersteller Audi hat bereits 2010 in seiner »Strategie 2020« das Ziel formuliert, zur weltweit führenden Marke im Premiumsegment zu werden. Und der Schraubenhersteller Würth macht sein Ziel an Zahlen fest: Nach 5 Milliarden Euro Umsatz im Jahr 2000 will das Unternehmen im Jahr 2020 ganze 20 Milliarden Euro erreichen.

Auszeiten zur Reflexion nutzen

Erfolgreiche Führungskräfte sind in vielem gut: Sie sind durchsetzungsstark, denken strategisch, können motivieren und behalten in turbulenten Zeiten einen kühlen Kopf. Worin viele von ihnen Nachhilfeunterricht benötigen, ist die Entspannung.

Meine Erfahrung als Sportler

Als Spitzenathlet habe ich gelernt, dass auf Phasen der Anspannung unbedingt eine Zeit der Reflexion folgen muss. Ohne Entspannung keine Anspannung, ohne Anspannung keine Entspannung. Ich brauche acht Wochen, um vor einem Boxkampf mental und körperlich fit zu werden. Um hinterher wieder runterzukommen, benötige ich ein paar Tage. Ich mache dann körperlich und mental gar nichts, fahre alles runter und erhole mich. Kurz darauf analysiere ich meine Leistung. Ich denke über mögliche Schlussfolgerungen nach und darüber, wie ich Verbesserungen anstoße.

Meine Erfahrung als Unternehmer

Geschäftliche Erfolge sind für mich ein Moment, um innezuhalten. Nach einem wichtigen Etappensieg trommele ich gerne mein Team zusammen, zelebriere den Moment und genieße das Erreichte. Solche Momente bleiben allerdings nicht in der Luft hängen: Ein paar Tage später treffe ich mich mit denselben Mitarbeitern wieder, um das Geleistete zu bewerten und die kommenden Schritte zu besprechen.

Auch auf individueller Basis möchte ich Auszeiten und Reflexion fördern. Erreichen meine Mitarbeiterinnen und Mitarbeiter ihre vereinbarten Ziele, unterstütze ich sie beispielsweise bei ihren sportlichen Aktivitäten. Können sie den regelmäßigen Besuch eines Fitnessclubs nachweisen, sponsert das Unternehmen ihnen diese Mitgliedschaft.

Trend in der Wirtschaft

Im Kampf um die besten Talente haben bestimmte Arbeitgeber schon vor Langem damit begonnen, ihren Mitarbeitern Auszeiten einzuräumen. Sie wissen, dass Pausen essenziell sind für die Leistungsfähigkeit von Menschen. Große Unternehmensberatungen gehören beispielsweise zu den Vorreitern und ermöglichen ihren Mitarbeitern unbürokratisch und ohne Hemmschwelle Sabbaticals – egal, ob für Promotion, Elternzeit oder Weltreise. Konzerne wie Linde oder Microsoft stellen ihre Belegschaft frei, damit diese sich um soziale und andere Projekte kümmern können. Das IT-Unternehmen Microsoft gewährt seinen Mitarbeiterinnen und Mitarbeitern über das Freiwilligenprogramm »3 Days Off« jedes Jahr drei zusätzliche Tage zum Jahresurlaub. Linde wiederum ermöglicht es Mitarbeitern bestimmter Regionen, dass sie eine Auszeit für private Projekte oder eine Weiterbildung nehmen können.

Weg 7
Auf Wesentliches fokussieren

Die Welt ist voller Möglichkeiten und durch Digitalisierung sowie Globalisierung scheinen geschäftliche Chancen in Hülle und Fülle vorhanden zu sein. Allerdings kann diese Sichtweise fatal sein: Wer zu viele Gelegenheiten auf einmal nutzen will, verzettelt sich leicht und erreicht am Ende gar nichts.

Meine Erfahrung als Sportler

Dieser Maxime bin ich seit den Anfängen meiner Profikarriere treu. Ich wollte immer Weltmeister werden. Später war es mein Ziel, den Titel zu halten. Darauf habe ich mich fokussiert. Im Trainingscamp wird es deutlich, weil ich denselben Fokus auch von meinem Umfeld erwarte. In den eigens formulierten »Goldenen Regeln« für das Trainingslager heißt es sinngemäß: »Wladimirs Erfolg ist das wichtigste Ziel. Alles andere muss dem untergeordnet werden, persönliche Befindlichkeiten und Probleme inklusive«. Routine hilft mir, um mich auf Wichtiges zu konzentrieren. Deswegen läuft vieles im Trainingslager nach dem immer selben Muster ab: Aufstehen, Training, Frühstück, Training, Mittagessen und Schlaf, danach Boxtraining und Abendessen. Wer zu spät kommt, muss 150 Dollar Strafe zahlen und 100 Liegestütze machen. Damit alle den Fokus auf den Sinn und Zweck des Camps richten: meinen Sieg.

Meine Erfahrung als Unternehmer

Erfreulicherweise wachsen meine Firmen und Beteiligungen, dementsprechend gebe ich Aufgaben und Verantwortlichkeiten an führende Mitarbeiter ab. Damit alle meine Prioritäten und mein Verständnis vom Wesentlichen kennen, haben wir sieben Werte formuliert, nach denen wir Produkte und Dienstleistungen entwickeln und Entscheidungen treffen: Expertise, Richtigkeit, Weltoffenheit, Optimismus, Nachhaltigkeit, Einfachheit, Maximum (siehe Kapitel Ergo Sum). Diese Werte helfen mir, mich nicht zu verzetteln, und sie bieten allen Mitarbeitern in unserer Gruppe Orientierung.

Trend in der Wirtschaft

Ein-Produkt-Unternehmen kommen nicht aus der Mode. Ihre Marken heißen Flexi (Hundeleine), Bionade (Kräuterlimonade), Jägermeister (Kräuterlikör) oder Freitag (Kuriertasche), und ihr großer Vorteil ist, dass sie sich nicht verzetteln können. Die Firmen setzen volle Konzentration, alle Kapazitäten und Mittel auf ein einziges Produkt. Damit ist die Gefahr, dass aus Nachlässigkeit oder Unaufmerksamkeit Fehler gemacht werden, weitestgehend gebannt. Voraussetzung für funktionierende Ein-Produkt-Unternehmen ist, dass ihr USP laufend überprüft wird: Hat das Produkt tatsächlich Chancen auf eine herausgehobene Stellung am Markt? Ist es so stark, dass es eine Organisation tragen kann? Können die Fragen mit »Ja« beantwortet werden, steht dem Erfolg nichts im Weg.

Weg 8
Auf eigene Kompetenzen vertrauen

»Schuster, bleib bei deinem Leisten«, heißt ein altes Sprichwort. Es bringt allerdings nur teilweise zum Ausdruck, was es bedeutet, auf eigene Kompetenzen zu vertrauen: Kenne deine Stärken, nutze und entfalte sie, gerne auch über den bisherigen »Leisten« hinaus. Mache das Beste aus ihnen.

Meine Erfahrung als Sportler

Auf eigene Kompetenzen zu vertrauen, heißt für mich, Körper und Geist zu kennen, sie zu pflegen und auf sie zu setzen. Das beinhaltet neben meiner Fitness eine ausgewogene Ernährung genauso wie guten Schlaf und regelmäßiges Mentaltraining.

Was mein Boxtraining angeht, lege ich seit vielen Jahren Wert darauf, es aktiv mitzugestalten und meine Erfahrungen einzubringen. Während sich andere Boxer gerne alles vorgeben lassen, habe ich meine eigene Intuition, auf die ich sehr viel Wert lege. Mein Trainer Johnathon Banks ist mein ehemaliger Sparringspartner. Er hält mir im übertragenen Sinn den Spiegel vor und analysiert mein Verhalten perfekt. So nehmen wir beide auf meine Trainingspläne Einfluss. Das ist im Boxsport eher ungewöhnlich. Selbst mein Bruder Vitali hat sich vergleichsweise selten in die Art der Vorbereitung eingemischt.

Meine Erfahrung als Unternehmer

Ich kenne meine Stärken und vertraue voll auf meine Kompetenzen. Sie haben dazu geführt, dass ich Boxstiefel und Lungentrainer entwickelte, die ich künftig vermarkten werde. Deshalb habe ich einen Weiterbildungsstudiengang in St. Gallen initiiert, sogar durch ein eigenes Kompetenzzentrum erweitert. Und auch deshalb trennte ich mich vor langer Zeit von meinem Promoter, um die Vermarktung meiner Kämpfe und meiner Person selbst in die Hand zu nehmen. Selbstredend gibt es zu solchen Gelegenheiten Menschen, die diese Entscheidungen infrage stellen. Doch wenn ich weiß, was ich kann, begegne ich Ungläubigkeit und Kritik mit Gelassenheit.

Trend in der Wirtschaft

Eine solche Gelassenheit gibt es auch in der Wirtschaft. Ganz ohne Minderwertigkeitskomplexe bewegt sich die Kleinstwagenmarke Smart durch die Welt der SUVs und Limousinen. Weil die Macher wissen, wo die Kompetenzen des Fahrzeugs liegen. Smart ist nicht klein, sondern wendig und passt in jede Parklücke, sagen sie. Nicht langsam, sondern sparsam im Verbrauch. Nicht langstreckenuntauglich, sondern das perfekte Stadtauto. Mit diesen Kompetenzen und entsprechender Positionierung ist das kleine Auto schon seit langer Zeit voll integriert in unser Straßenbild.

Potenzial identifizieren und nutzbar machen

Was schlummert in Menschen, Produkten und Organisationen, das bislang unentdeckt ist? Wo gibt es Potenzial, das nicht abgerufen wird? Und wo liegen die Stärken in ganz anderen Bereichen als vermutet? Manchen Menschen gelingen ihre Vorhaben, ohne dass sie sich scheinbar anstrengen. Andere scheitern an einfachsten Aufgaben, weil sie sich falsch einschätzen. Deshalb helfen eine vernünftige Analyse und der ehrliche Umgang mit Stärken und Schwächen, um echtes Potenzial zu identifizieren und nutzbar zu machen.

Meine Erfahrung als Sportler

»Everybody is good at something. See it, use it, don't kill it all at once«, lautet meine Überzeugung. Im Laufe der Jahre habe ich mir eine gewisse Menschenkenntnis angeeignet. Schließlich gehört es zu meinem Beruf, meinen Gegner im Vorwege bestmöglich zu studieren, um ihn im Ring einschätzen und entsprechend agieren zu können.

Auf diese Weise habe ich übrigens auch meinen einstigen Sparringspartner zum Trainer gemacht. Nachdem mein ehemaliger Coach überraschend verstorben war, brauchte ich dringend einen Nachfolger. Ich stand unmittelbar vor einem Kampf. Johnathon Banks kannte ich schon seit Jahren. Wir hatten häufig miteinander trainiert, ich kannte seine guten Anlagen und seine hervorragende Analysefähigkeit. Manche rieten mir davon ab, ihn zu verpflichten, doch ich ließ mich nicht beirren. Seit fünf Jahren sind wir nun ein Team.

Auf ähnliche Weise entschied ich mich für meinen Physiotherapeuten. Aldo Vetere war 21 und hatte gerade erst seine Ausbildung absolviert, als ich ihn kennenlernte. Gemeinhin gilt auch in seinem Metier, dass Erfahrung Trumpf ist. Die meisten Physiotherapeuten, die mit Spitzensportlern zusammenarbeiten, haben schon Jahrzehnte Berufspraxis gesammelt. Doch ich erkannte Aldo Veteres Talent, verbunden mit einer großen Leidenschaft für seinen Beruf. Ich bat ihn, für mich zu arbeiten. Seitdem ist er aus keinem Camp wegzudenken.

Meine Erfahrung als Unternehmer

Dieses Gespür für Menschen nützt mir auch als Unternehmer. Es hilft mir bei der Auswahl von Geschäftspartnern genauso wie bei der Führung von Mitarbeitern. Und manchmal auch bei der Karriereberatung, wie eine Anekdote zeigt: Einer meiner Freunde, ein angestellter Manager, ist in meinen Augen ein geborener Unternehmer. Er wollte lange nichts davon wissen. Bei einem Urlaub auf einer Yacht verabredete ich mit ihm: Würde er sich trauen, mit mir von einem Geländer zu springen, sollte er kündigen und sich selbstständig machen. Ich sprang vor, er wagte den Schritt hinterher. Heute ist er ein glücklicherer Mensch und erfolgreicher Unternehmer.

Trend in der Wirtschaft

Obwohl es Dutzende Staubsaugermarken am Markt gibt, hat das britische Unternehmen Dyson Potenzial für ein weiteres Produkt ausgemacht: einen Sauger ohne Beutel. Die Idee fand ihre Abnehmer und Dyson entwickelte weitere Geräte, die mit dem Ansaugen und der Abgabe von Luft zu tun hatten: einen Handtrockner sowie einen Ventilator ohne Rotorflügel. Aus Verbrauchersicht haben die Produkte wenig miteinander zu tun, schließlich haben putzen, trocknen und kühlen wenig gemeinsam. Aus Herstellersicht hat Dyson das Potenzial der Luftströme jedoch voll erkannt und sinnvoll genutzt.

Weg 10

Höchstleistung explosiv abrufen

Für einen Spitzensportler ist diese Fähigkeit essenziell: Wer im Training topfit ist, die Leistung im Wettkampf jedoch nicht abrufen kann, wird niemals erfolgreich sein. Auch für Unternehmen und Führungskräfte wird diese Fähigkeit zunehmend wichtiger.

Meine Erfahrung als Sportler

In den vielen Jahren meiner Laufbahn habe ich einen guten Weg gefunden, um mich auf einen Boxkampf vorzubereiten. Für Außenstehende mag es nicht ersichtlich sein, doch der mentale Druck vor einem solchen Event mit Millionen von Zuschauern vor den TV-Geräten und in der Arena ist enorm. Abgesehen davon muss ich körperlich 100-prozentig fit sein, um gewinnen zu können.

Ich verordne mir acht Wochen Trainingscamp vor einem Kampf. In der Woche davor fahre ich das Training auf maximal eine Stunde pro Tag herunter und widme mich dem Mentaltraining. Zur Ruhe kommen, Ballast abwerfen, mir meine Stärken bewusst machen … die Erfahrung hat gezeigt, dass dies die beste Vorbereitung ist, um am Kampfabend Höchstleistung abrufen zu können. Dazu gehört auch, dass ich am Kampftag einen ausgiebigen Mittagsschlaf mache. Um im Ring mit Power, Reaktionsvermögen und Schnelligkeit auf meinen Gegner zugehen zu können. Schließlich bleiben mir nur maximal zwölf Runden à drei Minuten, in denen ich zeigen muss, was ich draufhabe.

Meine Erfahrung als Unternehmer

Stehe ich vor einer wichtigen Präsentation oder Verhandlung, bereite ich mich akribisch vor. Als es beispielsweise darum ging, meine erste Vorlesung unseres Weiterbildungsstudiengangs in St. Gallen zu halten, arbeiteten mein Team und ich über Tage an der Präsentation. Wir trugen die Inhalte zusammen, sprachen über die Lehrmethode und diskutierten die Visualisierung auf Folien. Anschließend übte ich die Vorlesung einige Male, stets auch vor jemandem, der das Thema nicht kannte. Zur eigentlichen Präsentation reiste ich einen Tag vorher an. 20 Minuten vor einem solchen Auftritt ziehe ich mich immer zurück, gehe nicht mehr ans Telefon und bin für niemanden zu sprechen. Als ich die Kernbotschaften nochmals verinnerlicht hatte, war ich bis in die Haarspitzen motiviert und bereit, Bestleistung zu bringen. Dort, wo es die Möglichkeit gibt, bringe ich mich – wie beim Boxen mit dem Walk-in-Song *Can't stop …* – mit lauter Musik in Stimmung.

Trend in der Wirtschaft

Red Bull ist ein Meister von Ad-hoc-Leistungsschauen: Ihre waghalsigen Turmsprung-Events, die inzwischen weltweit bekannt sind und Scharen von Zuschauern anlocken, finden mitunter ohne Vorankündigung statt, wie etwa im Hamburger Hafen. In solchen Situationen ist es essenziell, dass Unternehmen passende Strukturen aufgebaut und die richtigen Mitarbeiter eingesetzt haben, damit solche spontanen Groß-Events funktionieren.

Organisationsstrukturen schaffen

In einem kleinen Team ist es manchmal schwierig, klare Strukturen einzuführen und Zuständigkeiten zu klären, weil die Personaldecke dünn ist. Genauso ist es eine Herausforderung für große Unternehmen, durch klar verteilte Zuständigkeiten und Hierarchien nicht die Eigenverantwortung von Mitarbeitern abzuwürgen.

Meine Erfahrung als Sportler

Für das Trainingslager haben wir klare Strukturen und strikte Regeln definiert, nach denen sich alle Beteiligten richten. Diese Vorgaben erlauben keine Ausnahmen und machen die Zuständigkeiten sowie Freiheiten und Grenzen klar. Alle Mitarbeiter und Sportler arbeiten darauf hin, dass ich meinen Kampf gewinne. Mein Camp Manager – er ist zugleich mein Koch – ist Ansprechpartner für alle organisatorischen Aufgaben im Trainingslager. Alle Sparringspartner und ihre Coaches sind angehalten, so wenig wie möglich mit ihren Angelegenheiten auf mich zuzukommen. So sehr diese Hierarchie zu Trainingszeiten Bestand hat, so schnell löst sie sich hinterher in ein gemeinschaftliches Miteinander auf. In dem Beisammensein auf Augenhöhe diskutiere ich gerne über Stärken und Schwächen oder darüber, ob Aufgaben neu verteilt werden müssen.

Meine Erfahrung als Unternehmer

Weil ich als Boxer gestartet bin, nicht als Unternehmer, haben wir meine geschäftlichen Aktivitäten erst nach und nach in eine einheitliche Organisationsstruktur gebracht. Inzwischen sind so unterschiedliche Unternehmen wie K2 Promotions und KMG, das Designhotel 11 Mirrors oder KLITSCHKO Ventures in einer strategischen Gruppe weltweit gebündelt und unter einem einheitlichen Markendach. Ich bin nicht an rein finanziellen Investments interessiert, sondern will meine Erfahrungen weitergeben. Mit der neuen Organisationsform besteht jetzt die Möglichkeit, die Firmen zu steuern und Synergien zu schaffen.

Trend in der Wirtschaft

Viele Software-Boutiquen und kreative Firmen haben sich von stark hierarchischen Organisationen verabschiedet. Ein Hamburger Software-Hersteller kommt beispielsweise ganz ohne Hierarchieebenen aus. Keine Job-Beschreibungen, keine Abteilungen, keine Vorgesetzten, keine Top-Down-Strukturen, um jedem einzelnen Mitarbeiter größtmögliche Verantwortung zu übertragen, und nicht bloß ausgewählten Führungskräften. Im Prinzip ist das Tech-Unternehmen wie eine große Projektarbeit organisiert. So soll Komplexität vermieden und der Verwaltungsaufwand gering gehalten werden.

Die Berliner Innovationsagentur Dark Horse kommt ebenfalls ohne Hierarchie aus. Dort haben 30 Gründer das Sagen – völlig gleichberechtigt. Bei Ministry, einer Kommunikationsagentur, sind Teams entscheidungsbefugt. Die Gründer entschieden sich bewusst dagegen, mit dem Wachstum weitere Hierarchieebene einzuziehen. Stattdessen gaben sie die Entscheidungsbefugnisse an einzelne Einheiten ab. Diese haben ihre Arbeitszeiten, Urlaub, Kunden oder Pitches selbst in der Hand.

Etablierte Unternehmen haben in dieser Hinsicht das Nachsehen. Ihre Organisationsstruktur samt Hierarchien und Entscheidungswegen sind seit Langem etabliert. Sie neu zu erfinden, kann äußerst langwierig sein. Manche Konzerne wie RWE oder E.ON gründen daher Nachfolgefirmen, in denen sie die Regeln neu definieren können.

Stärken und Schwächen des Gegners kennen und nutzen

Es gibt wohl wenige Berufsgruppen, die so sehr darauf geeicht sind, ihre Gegner zu analysieren, wie Sportler. Denn ohne die Einschätzung der Stärken und Schwächen ihres Gegenübers bräuchte kein Athlet zum Wettkampf anzutreten.

Meine Erfahrung als Sportler

Bereite ich mich auf einen Boxkampf vor, sind immer mehrere Bildschirme nebeneinander um den Ring aufgebaut. So ist es mir nebenbei immer möglich, die Kampfvideos meines nächsten Gegners anzusehen. Damit ich seine Bewegungsabläufe, seine Angriffe und Verteidigung so sehr verinnerliche, dass ich sie im Kampf nutzen kann. Je besser ich mich auf meinen Gegner einstelle, desto besser bin ich im Ring. Das geht so weit, dass das Aufeinandertreffen zu einer Art Schachspiel wird: Weil ich meinen Gegner so intensiv studiert habe, kann ich mich auf ihn einstellen. Mitunter so gut, dass ich vorausahne, wie er sich als Nächstes verhält.

Meine Erfahrung als Unternehmer

Wie immer, wenn sich jemand sein ganzes Berufsleben in einer Branche aufhält, kenne ich die Strukturen und wesentlichen Akteure im Boxzirkus.

Ich weiß um ihre Stärken und Schwächen, weil ich sie als aktiver Boxer, als Promoter und Veranstalter kennengelernt habe. Selbst die Wünsche von Talenten, Profis, Boxbegeisterten und Fans sind mir geläufig. Das führte zu der Erkenntnis, dass das reine Promoter-Geschäft von einst nicht mehr funktioniert. Sportliche Höchstleistung, Inszenierung der Sportler, Veranstaltung von Boxevents, das alles gehört heute zusammen. Darauf haben wir uns eingestellt. Seit 2015 arbeiten K2 als Promoter, KMG als Veranstalter und IMG, ein weltweit agierender TV-Vermarkter, zusammen. Damit stärken wir unsere Stärken, verringern unsere Schwächen und schaffen die geballte Power von Promoter-, Veranstalter- und Vermarktungsexpertise für die unter Vertrag stehenden Sportler.

Trend in der Wirtschaft

»Sechs ist besser als sechs« – Was nach einem einfallslosen Slogan klingt, war der Versuch Samsungs, Apples damals aktuelles Smartphone schlecht zu reden. In einem Spot wurden die Konkurrenzmodelle Galaxy S6 von Samsung und iPhone 6 von Apple gegenübergestellt. Um einen humorvollen Ton bemüht, zeigten die Südkoreaner die angeblichen Stärken gegenüber der Konkurrenz aus Kalifornien: etwa die kabellose Auflademöglichkeit sowie ein breiteres Aufnahmefeld bei der Frontkamera. Offensichtlich hatte Samsung gehofft, durch Hervorheben seiner Stärken und die Betonung von Apples Schwächen Pluspunkte zu sammeln.

Der Wettbewerb unter den Smartphone-Herstellern wird härter. Noch sind Apple und Samsung die Dickschiffe im Geschäft, die Zahl der Wettbewerber wächst allerdings. Da ist es nicht verwunderlich, dass die Akteure ihre Stärken und Schwächen untereinander genau beobachten und mitunter kommunikativ ausschlachten. Auffallend ist, dass die Newcomer sehr schnell von den Pionieren des Marktes lernen. Sie kopieren ihre Stärken ungeniert, um am Ende ihre einstigen Vorbilder zu überrunden.

Teil III

Wie Experten in der Praxis Challenge Management anwenden

Ich bin nicht der Einzige, der die beschriebenen Lösungswege nutzt, um zentrale Herausforderungen anzugehen und zu bewältigen. Im Gespräch mit Wegbegleitern habe ich festgestellt, dass es Parallelen zwischen ihren und meinen Lösungsansätzen gibt. Daher habe ich zwölf renommierte Unternehmerinnen und Unternehmer, Managerinnen und Manager gebeten, ihre Antwort auf je eine zentrale Herausforderung mit uns zu teilen: Wie geht etwa ein erfolgsverwöhnter Entrepreneur damit um, wenn er ein vielversprechendes Start-up gegen die Wand gefahren hat? Wie gelingt es ihm, neues Potenzial aus dieser Niederlage zu ziehen? Oder wie schafft einer der erfolgreichsten Werber unserer Zeit es, über Jahrzehnte auf die eigene Kompetenz zu vertrauen und so Werbekampagnen auf höchstem Niveau zu entwickeln?

Ihre Antworten zeigen, dass ähnliche Herausforderungen in unterschiedlichsten Branchen und Bereichen auftreten. Lassen Sie sich von den Lösungswegen der Experten inspirieren.

Weg 1

Coopetition

Frank Dopheide, Geschäftsführer Verlagsgruppe Handelsblatt

- Gründer der Agentur »Deutsche Markenarbeit«, zuvor Chairman des Werbekonzerns Grey Worldwide
- Ausbildung: Sporthochschule Köln, Schwerpunkt Journalismus

»Herausforderungen sind ein energetisierender Moment, der alle Sinne schärft und Kräfte bündelt, um über sich und den Alltag hinaus zu wachsen.«

Meilensteine

Sporthochschule Köln: 14 Semester hatte ich mir Zeit gelassen, um Diplom-Sportlehrer zu werden. Dann kam die große Lehrerschwemme und es gab nicht genügend Stellen für die Absolventen. Statt durchzustarten hieß es, zurück auf Los. Zum Glück hatte ich durch den Schwerpunkt Journalistik überraschenderweise mein Talent für das Schreiben entdeckt.

Spiess, Ermisch, Abels: Die Antwort darauf fand ich bei dieser Werbeagentur. Einer der Gründer, Ewald Spiess, sah etwas in mir, was ich selbst nicht wusste. Er erkannte mein kreatives Potenzial und stellte mich als Werbetexter ein. Er hatte ein gutes Näschen. Ich lernte, entwickelte mich und ich kletterte die Karriereleiter hinauf. Einige Jahre später war ich Kreativdirektor in einer anderen Agentur.

Grey Worldwide: Der Job als Chairman der Agentur Grey stellte alles auf den Kopf. Ich war der erste Kreative, der dieses Amt jemals bekleidete. Es war eine fundamental andere Aufgabe als alles, was ich jemals gemacht hatte. Nahezu nichts von dem, was mich eigentlich in dieses Amt gebracht hatte, wurde gefordert. Statt kreativ zu sprühen, dominierten Gespräche mit englischen Controllern, Administration und Managementfragen meinen Alltag. Meine wichtigste Aufgabe wurde, die Potenziale der Mitarbeiter zu erkennen und ihnen Raum und Energie zu geben, sie zu entfalten. Das gelang mir gut: In dieser Zeit stieg Grey zu den zehn kreativsten Agenturen auf. Wir gewannen den ersten Löwen der Agenturgeschichte beim Kreativfestival in Cannes. Das Geschäft kam kraftvoll in Schwung.

Coopetition ist die Verbindung von Cooperation (Kooperation) und Competition (Wettbewerb). Hinter Coopetition steckt die Idee, dass nicht nur Kooperationspartner, sondern auch Wettbewerber zusammenarbeiten und davon profitieren. Mal ist der Antrieb, Ressourcen zu sparen und die Umwelt zu schonen, mal steckt der Wunsch dahinter, Know-how und Erfahrungen zu teilen, um die eigene Position zu stärken. Denn längst fehlen auch dominierenden Playern Kapazitäten oder Kompetenzen, um Trends und Neuheiten in hohem Tempo im Alleingang umzusetzen.

Wladimir Klitschkos Überzeugung:
Wer Know-how und Erfahrungen auch mit Mitbewerbern teilt, kann seine eigene Position stärken.

»Die Welt ist zu komplex geworden, um alleine bestehen zu können«

Projekt: Gemeinsame Digitalvermarktungstochter mit Wettbewerbern

Mitbewerber/Gegner: Qualitätsmedien, Medienhäuser, Internetkonzerne

Herausforderung: Als Qualitätsmedium mit Wurzeln im Printgeschäft den Sprung ins Digitale zu schaffen und sich dabei als kleiner Player gegen reichweitenstarke Websites durchzusetzen

Die Spielregeln hatten sich gravierend geändert: Einst gab es zwei Handvoll überregionaler Tages- und Wochenzeitungen. Für eine gewisse Zielgruppe gehörte es zum guten Ton, eine oder zwei dieser Qualitätsblätter zu lesen. Jede Zeitung stand für einen Schwerpunkt oder eine politische Gesinnung, und Anzeigenkunden wussten, wen sie worüber am besten erreichten. Doch dann kam das Internet ins Spiel. Medienhäuser und andere Absender begannen, Nachrichten und andere Inhalte kostenlos ins Netz zu stellen. Leser schwenkten um von Print zu Online, die Reichweiten der gedruckten Blätter sanken. Anzeigenkunden entdeckten Facebook, Google oder YouTube als Werbekanal für sich.

Die Zeitungshäuser brauchten eine Weile, um zu erkennen, dass dieser Trend unumkehrbar war. Und dass sie handeln mussten, um nicht ihr Geschäft unaufhaltsam an neue Wettbewerber zu verlieren. Das Düsseldorfer *Handelsblatt* hatte schon frühzeitig einen Anzeigenvertrieb für Digitalprodukte aufgebaut. Sie mussten allerdings feststellen, dass sie gegenüber großen Websites ein kleines Licht waren. Folglich taten sie etwas, was einige Jahrzehnte zuvor wohl noch undenkbar gewesen wäre: Sie wandten sich an die *Frankfurter Allgemeine Zeitung*, die *Süddeutsche Zeitung* sowie *Die Zeit* und schlugen ihnen vor, einen gemeinsamen Digitalvertrieb aufzubauen. Tatsächlich willigten die Konkurrenten ein. Man muss wohl sagen: Sie hatten nicht viel zu verlieren. Das *Handelsblatt* hatte einen Vorsprung bei Technik und Know-how, außerdem bot es ihnen an, Gesellschafter der Tochtergesellschaft IQ Digital zu werden.

Acht Jahre ist der Start der Erfolgsgeschichte jetzt her. Frank Dopheide war damals noch nicht im Unternehmen, doch er kommentiert es im Rückblick als goldrichtige Entscheidung: »*Coopetition* ist zum Überlebensprinzip geworden«, ist der Geschäftsführer der Verlagsgruppe Handelsblatt überzeugt. »Es gilt nicht mehr, dass der Stärkste alleine am stärksten ist.« Weil die Welt so komplex geworden ist, dass Unternehmen aufkommende Trends und Probleme nicht mehr alleine erkennen, aufgreifen und lösen können. Sie haben weder das notwendige Budget noch die personellen

Ressourcen oder die entsprechenden Kompetenzen. Die Digitalisierung hat diese Entwicklung enorm beschleunigt und Branchen gezwungen, sich völlig neu zu erfinden – siehe Zeitungsbranche.

»Unternehmen tun gut daran zu erkennen, dass die Vergangenheit nicht mehr die Zukunft definiert«, sagt Dopheide. Und weil die Grundsätze von gestern heute nicht mehr gelten, sollten Manager sich auch nicht mehr an alten Freundes- und Feindesbildern festhalten. Während die Wettbewerber des *Handelsblatts* früher primär *FAZ* oder *Financial Times Deutschland* hießen, ist der Pool heute deutlich größer geworden, sagt Dopheide: Nationale wie internationale Newsanbieter konkurrieren genauso um Werbegelder und Nutzer wie Business-Plattformen à la Xing und LinkedIn sowie (Online-)Hochschulen oder Blogger.

Die größte Herausforderung, um sich auf *Coopetition* einzulassen, ist der notwendige Kulturwandel, ist Dopheide überzeugt. In manchen Unternehmen sei dieser Veränderungsprozess eine echte »Schmerztherapie«, hat er beobachtet. Es gehe darum, Mauern einzureißen, was vielen schwerfällt: über Teams und Abteilungen, über Unternehmen hinweg und sogar bis zu ehemaligen Wettbewerbern. Damit dies gelinge, gebe es nur einen Antrieb: Der Veränderungsdruck muss bei Entscheidungsträgern größer werden als das persönliche Ego, meint der Markenexperte. Die Vision eines großartigen Ergebnisses müsse die Angst vor dem Scheitern überstrahlen.

Um die Belegschaft mitzunehmen und Widerstände in ihren Reihen abzubauen, empfiehlt er Unternehmen: »Überwindet die Gleichgültigkeit.« Es benötige ungewöhnliches Tun und Denken. Eine sichtbare und erlebbare Veränderung, damit die Mitarbeiter ihren Trott unterbrechen. Damit sie den Plänen und Ideen der Geschäftsführung Aufmerksamkeit schenken und Bereitschaft entwickeln, ihnen zu folgen.

Das wollten Dopheide und sein Team auch für die Automobilindustrie erreichen. Sie gehört zu den Branchen, die unter Druck geraten ist. Nach erfolgreichen Jahrzehnten müssen PKW-Hersteller feststellen, dass junge Menschen lieber Autos mieten, statt sie zu kaufen. Und sie beobachten, dass neue Wettbewerber ihnen das Geschäft streitig machen wollen, egal, ob bei der Entwicklung von Elektrofahrzeugen oder von selbstfahrenden Autos. »Ihr lasst euch kommunikativ die Butter vom Brot nehmen«, sagte Dopheide den Kommunikationschefs großer Marken. »Tesla oder Google verkaufen noch keine Autos, dominieren aber die Berichterstattung und profilieren sich als Vorreiter.«

Die Idee war, die Kräfte aller deutschen Automobilhersteller zu bündeln. Das Silicon Valley Deutschlands ist die Automobilindustrie. Es kam zusammen, wie Dopheide es formuliert, was für die Zukunft zusammengehöre: Gemeinsam organisierte er mit BMW, Daimler und Volkswagen einen Automobilgipfel. Das Besondere daran: Die Veranstaltung fand nicht in irgendeiner Kongresshalle statt, sondern in München in der BMW World. Daimler und VW stellten für das Event ihre Modelle neben die Autos des Konkurrenten. Manche Mitarbeiter mögen fassungslos gewesen sein, doch genau das war das Ziel dieser *Coopetition*: Einen besonderen Moment zu schaffen, den Atem der Anwesenden stocken zu lassen und einen ungeheuren Energieschub auszulösen.

Neben BMW-CEO Harald Krüger standen Daimler-Vorstandschef Dieter Zetsche und VW-CEO Matthias Müller auf der Bühne und sprachen in den heiligen Hallen von BMW zu den Mitarbeitern aller Automobilfirmen. Sie wollten ihren Belegschaften sowie der gesamten Wirtschaft demonstrieren: Gemeinsam haben wir keine Angst vor den neuen Wettbewerbern aus den USA. Wir sind das Rückgrat der deutschen Volkswirtschaft – mit Stärke und Kraft.

Nach Meinung von Frank Dopheide ist *Coopetition* das wichtigste Wirtschaftsprinzip der kommenden Jahre. Damit sie gelinge, sei es essenziell, groß zu denken und seine Zielgruppen zu überraschen. Ganz im Sinne von Oscar Wilde: »Die Idee, die nicht wirklich gefährlich ist, verdient es nicht, überhaupt Idee genannt zu werden.«

Coopetition ermöglichen und nutzen

Voraussetzungen für gelingende Kooperation mit dem Wettbewerb

1. Sicherheit: Essenziell für das Gelingen der Coopetition: Passen die Partner zueinander? Haben sie dieselben Werte, stimmt das Fundament von Produkt und Geschäftsmodell?

2. Ungewissheit: Wenn vorab schon hundertprozentig klar ist, wie das Ergebnis aussehen wird, ist es nicht die richtige Coopetition. Ein vielversprechendes Projekt verlangt Fantasie und Offenheit, um alle Beteiligten zu beflügeln.

3. Wahrnehmung: Alle Partner sollen von der Coopetition profitieren. So übernimmt jeder eine eigene Rolle und Aufgabe, hat inhaltliches Mitspracherecht und die Möglichkeit, sichtbar zu werden.

4. Zugehörigkeit: In der Coopetition geht es um ein partnerschaftliches Miteinander. Dieses muss aktiv gefördert werden und verlangt sichtbare Zeichen der Gemeinsamkeit.

5. Wachstum: Das Ziel einer Coopetition ist die persönliche Entwicklung von Mensch, Projekt und Unternehmen.

6. Gemeinsam Teil von etwas Großem: Essenziell für das Gelingen ist ein Kulturwandel bei den Beteiligten. Sie brauchen das Gefühl, dass sie Teil von etwas Großem sind.

Weg 2
Progressivität

Alyssa Jade McDonald-Bärtl, Gründerin von Blyss, Cacao Academy und ChangeMaker.Land; zuvor Abteilungsleiterin für Internationale Kommunikation, Deutsche Telekom, sowie für Marke und Kommunikation, T-Systems

- Ausbildung: Queensland University of Technology in Australien, BWL und Journalismus (Bachelor), Fitnessdiplom

»Herausforderungen sind Situationen, in denen es nicht reicht, meine gewohnten Methoden und Rezepte anzuwenden, um die Situation zu lösen. Eine Herausforderung ist ein Moment, in dem ich etwas Neues kreiere, um mein Ziel zu erreichen. Eine tolle Chance zum Lernen und um einen neuen Weg zu entwickeln.«

Meilensteine

Olympische Organisationskomitees: Vor meinem Wirtschaftsstudium hatte ich in Australien Journalismus studiert. Noch während ich Vorlesungen besuchte, bekam ich einen Job im Organisationsteam der Olympischen Sommerspiele in Sydney 2000. Ich stieg als Medienreferentin ein und lernte unglaublich viel. Die Stimmung war großartig, die Arbeit international. Weil mir die Zeit so gut gefiel, engagierte ich mich ein Jahr später gleich wieder für Olympia. Diesmal im Vorfeld der Winterspiele in Salt Lake City in den USA.

Unternehmensgrün: Als »Social Entrepreneur« bin ich sehr daran interessiert, die Rahmenbedingungen der grünen und ethischen Wirtschaft zu verbessern. Daher setze ich mich ein für den Bundesverband der grünen Wirtschaft, Unternehmensgrün, und repräsentiere die Interessen ihrer Mitglieder gegenüber der Politik in Berlin und Brüssel. Ich werde regelmäßig eingeladen, um über Themen wie Kreislaufwirtschaft und ethischen Handel zu referieren.

Blyss: Seit 2009 bin ich Vollzeitunternehmerin. Zwei Jahre zuvor hatte ich beim »Ironman« auf Hawaii mitgemacht, danach suchte ich eine neue Herausforderung. Mein Vater hatte mich begleitet und wir probierten nach dem Wettbewerb am Rande einer Kakaoplantage rohen Kakao. Das war der Startpunkt: Gemeinsam dachten wir darüber nach, wie wir Schokolade herstellen könnten, die dem Körper und der Welt guttäte. Weil sie gesund wäre und die Farmer fair behandelt würden.

Klingt in der Theorie simpel, ist in der Praxis häufig schwierig umzusetzen. Wer Neues schaffen will, muss sich von Konventionen lösen, bisherige Annahmen über Bord werfen, den Blickwinkel ändern und darf sich auch von Bedenkenträgern nicht aufhalten lassen.

Wladimir Klitschkos Überzeugung:

Progressiv zu denken und mutig zu handeln bedeutet, ausgetretene Pfade zu verlassen und ganz eigene Lösungen zu kreieren. Gut möglich, dass wir dabei Angst haben, doch das ist nicht schlimm. Angst zu haben heißt für mich, sich zu bewegen und nicht feige zu sein. Wer sich zum ersten Mal traut, mutig zu sein, wird sich fragen, warum er es nicht schon früher gewagt hat. Weil uns jede Erfahrung wachsen und reifen lässt.

»Wer mir sagt, warum etwas nicht geht, sucht nur nach Ausreden«

Geschäftsidee: Die Übertragung der Erfahrungen des Schokoladenherstellers Blyss aus der nachhaltigen Landwirtschaft auf ChangeMaker. Land. Das Beratungsunternehmen »übersetzt« das Wissen für andere Branchen, adaptiert und implementiert es.

Mitbewerber/Gegner: Konventionelle Landwirte, Lebensmittelproduzenten und -verarbeiter, Berater mit und ohne Ausrichtung auf Nachhaltigkeit

Herausforderung: Nicht nachhaltig denkende Unternehmen vom Sinn und Nutzen der ChangeMaker.Land-Idee zu überzeugen und ihnen aufzuzeigen, dass Ethik und Profit zusammenpassen

Als ihr Vater starb, änderte sie ihr Leben. Durch seine Anregungen hatte Alyssa Jade McDonald-Bärtl ein Schokoladen-Start-up entwickelt, bei dem es um höchste Qualität sowie faire Bedingungen für Erzeuger und Produzenten ging. Zwei Jahre arbeitete die Australierin mit der Unterstützung ihres Vaters an der Gründung. Er war bei den Kakaobauern in Ecuador vor Ort, sie tüftelte neben ihrem Vollzeitjob in Deutschland an der Idee. Als sie einen Anruf erhielt, dass der Vater schwerkrank im Krankenhaus liege, ließ sie alles stehen und liegen und flog nach Südamerika. Er starb kurz darauf und die Ärzte sagten Alyssa McDonald-Bärtl, dass ihr dasselbe Schicksal blühe, wenn sie sich nicht im ihre Gesundheit kümmere und ihren Lebensstil ändere.

Die gebürtige Australierin zog ihre Konsequenzen und kündigte ihren stressigen Führungsjob im Konzern. Sie entschied, ihre Geschäftsidee Vollzeit voranzutreiben. »Mit dieser Entscheidung hatte ich alles verloren«, sagt sie im Rückblick. Nach dem Verlust ihres Vaters waren auch ihr Lebensmittelpunkt in Deutschland, ihr Job und ihr Lebensinhalt weg. Doch sie hatte das Gefühl, dass sie es ihrem Vater schuldig war, die gemeinsame Vision weiterzuverfolgen. Und es zahlte sich aus, konsequent weiterzumachen und dabei *progressiv zu denken und mutig zu handeln.* »Ich habe mehr dazugewonnen, als ich mir damals hätte vorstellen können.«

Alyssa McDonald-Bärtl wurde in dritter Generation Sozialunternehmerin. Ihre Eltern und Großeltern hatten Kautschukwälder bewirtschaftet und eine Rinderzucht nach nachhaltigen Kriterien in den Bergen von Papua-Neuguinea und Australien betrieben. Nun wählte sie in Ecuador zwei Kakaoplantagen aus, die sie ausbauen und deren Ernte sie künftig für ihre Schokoladenproduktion nutzen wollte.

Tatsächlich wurde ihr Mut belohnt: Kenner nennen ihr Produkt heute die »reinste Schokolade der Welt«. Sie hat mit gut 400 Farmerfamilien zusammengearbeitet, sie ausgebildet und ihnen ein ganz neues Entlohnungssystem vorgestellt. Sie machte die Landwirte zu Partnern statt zu Dienstleistern und bot ihnen eine Provision am Verkauf des Kakaos an. Außerdem beriet sie die Bauern, wie sie eigenes Land erwerben konnten, um dem Teufelskreis aus Ausbeutung durch große Produzenten und Armut zu entkommen.

Auch auf der Vertriebsseite läuft es gut: Blyss verkauft ihren feinen Kakao an Gastronomie und Hotellerie in aller Welt und ist regelmäßig ausverkauft, bevor die neue Ernte verfügbar ist. Eine echte Erfolgsgeschichte.

Allerdings war überhaupt nicht absehbar, in welches Abenteuer sich die ehemalige Marketing-Managerin damals stürzte. »Mir war es egal«, beschreibt sie den Schritt. »Mein Leben kehrte in dem Moment zurück, als ich meiner Vision nachging und den Mut hatte, eigene Standards zu setzen.« Sie orientierte sich eng an ihren Werten und etablierte nachhaltigere Anbau- und Verwertungswege, als die Mehrzahl großer Produzenten anwendete. Manche folgen inzwischen ihrem Beispiel. Ihr Ansatz hat das Zeug, eine gesamte Branche zu verändern.

Wenn Menschen ihr heute gratulieren und dabei abtun, welches Risiko und welche Kraftanstrengung es für sie bedeutete, fehlt ihr das Verständnis. »Ich habe so viele Gründe gehört, warum es für mich angeblich einfach war, meinen Zielen zu folgen, andere hingegen viel schwierigere Ausgangsbedingungen haben. Das ist schlicht und einfach eine Ausrede, mit der diese Menschen scheinbar besser leben können.« *Progressiv zu denken und zu handeln* bedeute immer, die Komfortzone zu verlassen. In diesem Falle mit der Aussicht, die eigene Situation und die anderer zum Besseren zu wandeln.

2014 war dieser Ansatz der Auslöser, eine weitere mutige Entscheidung zu treffen. Acht Mitarbeiter beschäftigte Blyss zu dem Zeitpunkt, mit rund 1 000 Menschen arbeiteten sie in den Plantagen zusammen. »Ich stellte mir die Frage: Sollten wir uns auf das Wachstum von Blyss konzentrieren oder darauf, möglichst viele Menschen von unserem Ansatz zu überzeugen?« Alyssa McDonald-Bärtl entschied sich für den zweiten Weg und gründete »CACAO.academy« sowie »ChangeMaker.Land«. Während die Akademie Landwirte sowie Hersteller und Händler zum Thema Nachhaltigkeit schult, hat ChangeMaker.Land sich als Beratungsunternehmen positioniert, das Unternehmen anderer Branchen berät und sie bei der Implementierung der Blyss-ähnlichen Standards unterstützt. Energie- und Finanzunternehmen gehören genauso zum Klientel wie Tourismuskonzerne und Versicherungen. ChangeMaker.Land hat ein Programm entwickelt, wie jedes Unternehmen nachhaltiger agieren und damit sogar Veränderungen in der gesamten Branche anstoßen kann (siehe »In acht Schritten zum nachhaltigen Unternehmen«).

Die Gründerin ist mehr als zufrieden mit ihrer Entscheidung: Blyss ist weiterhin erfolgreich am Markt aktiv. Zugleich hat sie über ihre neuen Firmen ihren Wirkungskreis deutlich vergrößern und vor allem ihren Einfluss steigern können. Dass sich dieser Schritt auch wirtschaftlich für sie auszahlt, weil sie mit den neuen Unternehmen unter dem Strich mehr Ertrag hat als mit der Schokoladenfirma, sieht sie als angenehmen Nebeneffekt. Eine viel größere Bestätigung ist es für sie, dass ihr Mut belohnt wurde. »Ich bin mit gutem Beispiel vorangegangen und habe nach meinen eigenen Werten einen anerkannten Standard etabliert. Nicht nach dem, was mir jemand vorgegeben hat. Es könnte für mich keinen größeren Erfolg geben!«

Progressiv denken und mutig handeln

In acht Schritten zum nachhaltigen Unternehmen

1. **Verständnis von Unternehmertum:** Wachstum bedeutet nicht die Steigerung von Umsatz und Ertrag um jeden Preis. Überlegen Sie, wie Sie die Standards in Ihrer Industrie verbessern können. Können Sie auf Zwischenhändler verzichten oder die Produktionsbedingungen bei Erzeugern verbessern? Gründen Sie eine Tochterfirma und schulen Sie andere in Ihrer Branche.

2. Offizielle Standards: Hinterfragen Sie gängige Bedingungen und Standards, die in Ihrer Industrie gelten. Informieren Sie sich gründlich über Handelsbestimmungen, Sanktionen und Regulierungen. Mischen Sie sich ein, wenn Reformen und Novellen anstehen, und finden Sie Unterstützer in Branchenverbänden und Netzwerken.

3. **Integratives Wachstum:** Überlegen Sie, wie Sie Jobs für Langzeitarbeitslose schaffen können. Oder für Mütter, die gar nicht in der Statistik auftauchen, deren Berufstätigkeit jedoch einen positiven Effekt auf ihre Umgebung hätte.

4. **Finanzierung:** Sprechen Sie Geldgeber an, die offen für ethische Investments sind. Recherchieren Sie offizielle Fördergelder und zeigen Sie Start-ups, Zulieferern oder Landwirten am Anfang der Wertschöpfungskette solche Finanzquellen auf.

5. **Technologie:** Unterstützen Sie Start-ups, die Ihrer Branche mit Innovationen weiterhelfen können. Bieten Sie Mentoring an, erleichtern Sie ihnen den Zugang zu Investitionen und helfen Sie bei der Expansion in andere Märkte.

6. **Veränderungsprozesse:** Informieren Sie wichtige Player in Ihrer Industrie über den Wandel, den Sie anstoßen. Gehen Sie auf Roadshows

und beziehen Sie Firmen ein, die erst auf den zweiten Blick etwas mit dem Geschäft zu tun haben: Versicherer, Finanzdienstleister oder Analysefirmen beispielsweise.

7. Einflussgrößen: Fördern Sie Hoffnungsträger und Talente aus Ihrer Industrie, die ebenso an einem Wandel interessiert sind. Statt mit namhaften Forschern oder Beratern Ihrer Kultur zusammenzuarbeiten, nutzen Sie Experten im Produktionsland. Befragen Sie Landwirte oder Erzeuger Ihrer Produkte, die möglicherweise schon seit Generationen in dem Geschäft sind.

8. Augenmaß: Übernehmen Sie die Führungsrolle in Ihrer Branche, arbeiten Sie mit Vertrauen, Respekt und Unterstützung. Äußern Sie sich nicht abfällig über jene Akteure Ihrer Industrie, die andere Werte vertreten als Sie. Versuchen Sie stets, die besten Ergebnisse zu erreichen, bestehen Sie jedoch nicht auf Bedingungen, die das Gros der Mitbewerber vor zu große Herausforderungen stellt.

Weg 3
Niederlagen

Rolf Schumann, Global GM Plattform & Innovation, zuvor Co-Gründer des Clean-Tech-Ventures Better Place; Autor der Bücher *Simplify your IT* und *Update. Warum die Datenrevolution uns alle betrifft*

- Ausbildung: Universität Mannheim, Wirtschaftsinformatik, ZfU International Business School Thalwil/Schweiz, IT-Management

»Herausforderungen sind mir bisher unbekannte Aufgaben, denen ich mich stelle.«

Meilensteine

Siemens Business Services: Schon während meines Studiums arbeitete ich dort als Senior Consultant. Mein Arbeitgeber war aus damaliger Sicht der größte vorstellbare »Technologiespielplatz«. Ich bekam ein Verständnis dafür, wie Organisationen und Menschen funktionieren. Zugleich lernte ich, wie wichtig fundierte Ausbildung und Wissen sind. Das Wichtigste vielleicht: Ich lernte meinen lebenslangen Ratgeber und väterlichen Freund kennen.

Better Place war eine enorme Erfahrung: Ich lernte, über Grenzen und Vorstellungen hinweg zu denken und handeln. Ich verstand, warum Dinge funktionieren und wie Menschen agieren. Leider resultierte daraus der größte berufliche und gesellschaftliche Fehlschlag meines Lebens. Unsere Idee ging nicht auf, und ich erlebte am eigenen Leib, was es heißt, aufzustehen, wenn man ganz unten angekommen ist. In der Situation erkannte ich, wer tatsächlich zu meinen Freunden und zur Familie gehörte und wer Bekannte oder Wegbegleiter waren.

SAP: Als Technologieverantwortlicher für die Region EMEA (Europa, Naher und Mittlerer Osten, Afrika) war es meine Aufgabe, Innovation zu gestalten und zu treiben. Dabei musste ich den Widerspruch zwischen Größe und Agilität anwenden und konnte glücklicherweise meine Erfahrung aus Fehlschlägen und mit Technologiegrenzen anwenden. Ein schöner Nebeneffekt: Bei SAP habe ich eine Familie neben meiner eigentlichen Familie kennengelernt.

> Wer verloren hat, fühlt sich oft als gescheitert – egal, ob beim Wettbewerb um einen Auftrag, beim Wetteifern um einen potenziellen Mitarbeiter oder bei Verhandlungen um eine Gehaltserhöhung. Diese Sichtweise ist allerdings nicht förderlich, um es beim nächsten Mal besser zu machen und erfolgreicher zu sein.

Wladimir Klitschkos Überzeugung:
Wer keinen Erfolg hatte, sollte seine Niederlage genau analysieren. Die Ergebnisse dienen dazu, sich vor der nächsten Herausforderung bestmöglich vorzubereiten. Raus aus der Opferrolle, rein in die Position des Akteurs und Gestalters.

»Wer erfolgreich sein will, muss das Verhalten von Menschen ändern«

Geschäftsidee: Clean-Tech-Venture Better Place, das Elektroautos mit Wechselbatterie anbot

Mitbewerber/Gegner: Traditionelle Autohersteller, Tankstellen

Herausforderung: Die Einstellung von Autofahrern gegenüber Mobilität und die Autonutzung zu verändern. Nachdem dies nicht gelungen ist: Lehren aus der Firmenpleite zu ziehen

Er wollte die Umwelt schützen und die Welt ein bisschen besser machen: Als Rolf Schumann 2008 mit Better Place ein Start-up gründete, das Elektroautos mit Wechselbatterie auf den Markt brachte, gehörte er zu den Pionieren des sogenannten Clean Car Markets. Zusammen mit dem Gründer Shai Agassi gewannen sie Renault-Nissan als Kooperationspartner und bauten eine flächendeckende Infrastruktur in Dänemark und Israel auf. 2012 startete der Verkauf der Fahrzeuge. Deutsche Automobilbauer wie BMW, Daimler oder VW begannen zu der Zeit gerade einmal, erste Praxistests mit E-Mobilen zu starten.

Die Idee von Better Place: Sie boten ihren Kunden ein Stromabonnement für ihr Fahrzeug an. Für eine Flatrate von 200 Euro im Monat konnten diese bis zu 20 000 Kilometer im Jahr fahren. Im Preis inbegriffen waren Ökostrom, Wartung, Nutzung von Lade- und Wechselstationen sowie eine Mobilitätsgarantie. Die Märkte Dänemark und Israel wählten die Gründer wegen ihrer überschaubaren Größe aus. In Deutschland gelang es ihnen nicht, Fuß zu fassen, bevor sie 2013 Insolvenz anmelden mussten.

950 Millionen US-Dollar in Finanzmitteln und Sachwerten hatte das Unternehmen von Geldgebern eingesammelt. Die Gründer waren für ihre Vision und ihre Ambitionen gefeiert worden, doch am Ende verkaufte das Unternehmen nur wenige von den mit Renault vereinbarten 100 000 Mobilen. »Man könnte sagen, dass wir mit unserer Idee zu früh dran waren«, sagt Rolf Schumann heute. »Doch das wäre einfach und mehr oder weniger eine faule Ausrede«, gibt er sich selbstkritisch.

Angetreten waren er und seine Mitstreiter mit der Vision, die Gewohnheiten von Autofahrern zu verändern. »Ich bin überzeugt davon: Wenn ich erfolgreich sein will, muss ich das Verhalten von Menschen ändern«, sagt Schumann. So wie Apple-Gründer Steve Jobs die Art und Weise verändert hat, wie wir kommunizieren und ein Smartphone nutzen. Wie Facebook-CEO Mark Zuckerberg ein Netzwerk geschaffen hat, über das die Menschen auf ganz neue Art und Weise mit ihren Bekannten in Kontakt bleiben. Oder wie SAP einen Standard entwickelt hat, nach dem Firmen ihre Rechnungen buchen und andere Unternehmensprozesse standardisieren.

Der Ansatz von Better Place war es, Autofahrernationen von ihrer Abhängigkeit vom Öl zu befreien. Im Nachhinein weiß Schumann: Solche Visionen gehen nur auf, wenn die Kunden einen echten Nutzen für sich erkennen. Alleine an die Vernunft der Zielgruppe zu appellieren, hat wenig Sinn. »Es genügt nicht, eine tolle Innovation zu erschaffen und ein perfektes Produkt zu bauen. Kunden wollen mehr Bequemlichkeit. Und das nicht zum selben Preis, sondern günstiger«, lautet Schumanns Resümee aus der Better Place-*Niederlage*.

Das Start-up hat anfangs zahlreiche Marketingstudien durchgeführt: Trifft das, was wir anbieten wollten, auf Interesse bei den Kunden? Würden diese es kaufen?, wollten sie herausfinden. Die Resonanz war positiv. Trotzdem verhielten sich die Menschen am Ende anders. »Was blieb, war die Reichweitenangst«, sagt Schumann. Die Autofahrer fürchteten, unterwegs liegenzubleiben, weil der Radius der Batterie mit 120 Kilometern kleiner war als bei der Füllung ihres Benzintanks.

Eine weitere zentrale Erkenntnis hat Schumann aus der Niederlage gezogen: Ein Geschäft funktioniert nicht, wenn es auf Jahre im Voraus geplant und angelegt ist. Es sei zwar gut, sagt er, eine Vision zu haben. Die Akteure sollten allerdings in der Lage sein, darauf fußende Pläne kurzfristig ändern zu können. »Projekte müssen heute immer wieder infrage gestellt werden. Die Rahmenbedingungen ändern sich so schnell und so häufig. Da gilt es permanent, Herausforderungen und Ziele zu evaluieren und darauf zu reagieren«, sagt der Entrepreneur.

Seit dem Ende von Better Place und einer Auszeit arbeitet Schumann wieder beim Softwarekonzern SAP SE. Zuvor war er dort Technologieverantwortlicher für die SAP-Region EMEA, heute verantwortet er als Geschäftsführer weltweit die Bereiche Plattformen und Innovationen. Seine Erkenntnisse aus der Better-Place-Pleite helfen ihm auch im Konzernjob: »Wir machen immer weniger klassische Big-Bang-Projekte bei SAP, sondern viel mehr agile, überschaubare und unmittelbar wertschöpfende Arbeitspakete.« Während es früher normal war, Software-Rollouts lange im Voraus zu planen und Mammutprojekte zu lancieren, die oftmals Jahre dauerten, beläuft sich eine Projektdauer heute eher auf sechs bis acht Wochen. Von denen folgen dann mehrere aufeinander.

Schumann erinnert sich an ein Template – eine Art Digitalformular für interne Abläufe –, das bei SAP weltweit eingeführt wurde. Als es tatsächlich in der letzten Niederlassung weit weg von der Zentrale angekommen war, hatte es längst seine Relevanz verloren. Solche großen oder langwierigen Projekte gibt es heute nicht mehr bei SAP, sagt er. Viel eher erarbeiten wendige Teams schlanke Konzepte und bringen sie in enger Absprache mit den jeweiligen Auftraggebern ins Rollen. Das können sowohl Kollegen als auch Kunden oder Marktbegleiter sein.

Diese Erkenntnis hat Schumann ebenfalls aus seiner *Niederlage* gezogen: Um nicht an der Zielgruppe vorbei zu arbeiten, sollte ein Produkt, ein Projekt oder eine Geschäftsidee aus dem Kreise der Betroffenen heraus entwickelt werden. Weil dann die Gefahr eingegrenzt oder im besten Falle ausgeschlossen werden kann, dass kühne Ideen realitätsfern am Reißbrett entwickelt, statt in enger Abstimmung mit den Vorstellungen und Bedürfnissen der Kunden erdacht zu werden. Schumann nutzt, wie der gesamte SAP-Konzern, dafür einheitlich »Design Thinking«-Workshops, deren Ziel es ist, die Probleme der Kunden zu lösen, indem sie gemeinsam aus dem Blickwinkel des Anwenders heraus neue Ideen erarbeiten.

Hätte er das damals bei Better Place gemacht, wäre möglicherweise herausgekommen, was den Autofahrern an einer Batterie wirklich fehlte, um ihr Mobilitätsverhalten zu ändern. Womöglich wäre das Ergebnis eine Wunschreichweite von mindestens 400 Kilometern gewesen. Oder dass sie sich mehr Ladestationen wünschten. Ob diese Bedürfnisse durch eine Innovation hätten erfüllt werden können, ist eine andere Frage. Immerhin hätte sie aber die Geschäftsidee von Better Place infrage gestellt.

Im Grunde ist es ganz einfach, meint Rolf Schumann: Liegt der Fokus auf dem Kunden, ergibt sich vieles von selbst. Weil dann nur Dienstleistungen und Produkte erfunden werden, die auch von einer Zielgruppe benötigt werden. Wichtig ist, die Idee nicht nur einmal zu erarbeiten und dann laufen zu lassen. »Wir müssen uns permanent fragen: Verändert sich das Kundenverhalten? Und falls ja, sind wir in der Lage, unser Angebot anzupassen?«

Wenn der Manager Kollegen zuhört und merkt, dass sich ihre Diskussion im Kreis dreht, erzählt er gerne einen Witz. Weil dieser die Prioritäten auf simple Weise deutlich macht:

Sitzt ein Dutzend Manager eines Hundefutterherstellers in einem Besprechungszimmer. Einer von ihnen hält eine Präsentation, bei der er Absatzkurven, Zielgruppensegmente und Tortendiagramme an die Wand wirft. Anlass ihrer Sitzung: Ihr neues Produkt verkauft sich deutlich schlechter als geplant. Sie wollen dem Problem auf den Grund gehen, analysieren die Vertriebskanäle, diskutieren über die Kostenstruktur, widmen sich den Social-Media-Aktivitäten und überlegen sogar, ihre Werbekampagne auf das Fernsehen auszuweiten. Eine Servicekraft, die zwischendurch reingekommen ist, um Getränke aufzufüllen, schaltet sich ein in das Gespräch: »Entschuldigen Sie. Haben Sie mal darüber nachgedacht, ob den Hunden das Futter nicht schmeckt?«

Aus Niederlagen lernen und neues Potenzial ziehen

Methode zur systematischen Aufarbeitung von Misserfolgen

1. Analyse der Niederlage: Lassen Sie einige Wochen ins Land ziehen. Analysieren Sie mit Abstand das Geschehene und seien Sie schonungslos: Was ist an welcher Stelle schief gegangen? Welche Fehler hätten vermieden werden können? Was haben Sie persönlich falsch gemacht?

2. Ziehen Sie Potenzial aus der Niederlage: Wenn Sie jetzt wissen, was gut an Ihrer Geschäftsidee und was der entscheidende Fehler war: Tauschen Sie sich mit anderen Gründern und Unternehmern aus, lernen Sie voneinander und vielleicht entwickeln Sie eine neue Idee, die erfolgsversprechender ist.

3. Kundenorientierung in den Mittelpunkt: Bevor Sie sich in das nächste Abenteuer stürzen: Entwickeln Sie kein Projekt im Kreise von Kollegen oder Gleichgesinnten. Sprechen Sie mit den potenziellen Kunden und finden Sie heraus, welches Problem Sie mit einer Dienstleistung oder einem Produkt lösen können. Design Thinking Workshops sind der perfekte Rahmen für solche Gespräche.

4. Seien Sie »Game changer«!: Versuchen Sie, mit Ihrem Angebot eine Verhaltensänderung – im Sinne einer Verbesserung – bei den Kunden zu bewirken. Erst dann hat es das Zeug dazu, richtig erfolgreich zu werden.

5. Keine Fünf-Jahres-Pläne mehr: Machen Sie keine Pläne für die Ewigkeit. Auch nicht für die nächsten drei Jahre. Arbeiten Sie so, dass sie kurzfristig auf Kundenwünsche oder veränderte Marktbedingungen reagieren können.

Erfolge

Ibrahim Evsan, Gründer von Connected Leadership, Seriengründer (3rd Place, United Prototype, Fliplife, sevenload, Social Trademark)

- Ausbildung: Werbekaufmann, danach Selbststudium

»Herausforderungen motivieren mich täglich von Neuem. Genau genommen bedeuten sie lösungsorientiertes Arbeiten.«

Meilensteine

Volljährigkeit: Ich bin ein Migrantenkind. Mit 17 Jahren verließ ich mein Elternhaus. Meinen Hauptschulabschluss hatte ich mit einem Notenschnitt von 4,8 gemacht. Ich bin froh, dass ich dennoch den Mut hatte, aus meiner Familie herauszutreten und mein Leben so früh selbst in die Hand zu nehmen. Ich war zu der Erkenntnis gekommen, dass tiefliegende Konflikte nicht durchs Reden gelöst werden können.

Erwachsensein: Es war ein langer Weg, doch er hat sich gelohnt. Die nächsten Jahre und Jahrzehnte verbrachte ich damit, mich selbst kennenzulernen. Ich habe es zugelassen, meine Schwächen und Fehler zu erkennen und zu akzeptieren. Parallel arbeitete ich an meiner beruflichen Laufbahn. Im Prinzip habe mir alles, was ich weiß und kann, selbst beigebracht. Meine Selbstständigkeit hat mich gelehrt, ständig vorausschauend zu denken.

Reifeprozess: Heute mache ich es mir regelmäßig zur Aufgabe, meine Gedanken zu kontrollieren. Das bedeutet, stets positiv zu denken und nicht in Trübsal zu verfallen, wenn es einmal nicht so gut läuft. Genauso meine ich damit, mein Ego hintenan zu stellen und die Sache oder meine Mitmenschen nach vorne zu rücken. Zugegeben: Es ist eine Aufgabe, die wohl niemals abgeschlossen sein wird.

> Wer erfolgreich ist, sollte der Gesellschaft etwas zurückgeben, damit diese wachsen kann. Dieser Gedanke gehört zu den Grundprinzipien einer sozialen Marktwirtschaft.

Wladimir Klitschkos Überzeugung:
Wer teilt, bringt nicht nur den anderen weiter, sondern profitiert auch selbst davon. Lehrer werden durch Feedback zu Lernenden, Geber zu Beschenkten. Außerdem empfinde ich es als Selbstverständlichkeit, Jüngeren oder weniger Privilegierten etwas zurückzugeben und sie an meinem Erfolg teilhaben zu lassen.

»Gespeichertes Wissen, das nicht geteilt wird, ist Vergeudung«

Projekt/Geschäftsidee: Wissen aufbauen, Wissen leben

Mitbewerber/Gegner: Agenturen, Berater, Blogger, Redner, Medienexperten

Herausforderung: Das Wissen ständig und umfassend auf dem aktuellen Stand zu halten

Ibrahim Evsan lebt, was er predigt: Fünf Unternehmen hat der Digitalisierungsexperte in den vergangenen zwölf Jahren gegründet und aufgebaut. Sie alle ranken sich um das Internet – von einer Plattform zur kostenlosen Verwaltung von multimedialen Inhalten (sevenload) bis zu einer Agentur, die die Online-Präsenz von Fachleuten professionalisiert, damit sie sich bestmöglich im Netz präsentieren (Social Trademark). Sie alle zeigen seine eigene Weiterentwicklung: »Gespeichertes Wissen, das nicht gelebt oder geteilt wird, ist Vergeudung«, sagt er. Er hat den Antrieb, laufend neues Wissen aufzubauen, es zu gebrauchen und schließlich auch weiterzugeben. Das bedeutet auch, *eigene Erfolge zu nutzen und andere teilhaben zu lassen.* »Und es setzt voraus, dass ich offen, manchmal auch mutig und bereit bin, mich zu optimieren.«

Ibrahim Evsan ist ein Digital- und Social-Media-Urgestein. Seit 20 Jahren ist er unternehmerisch in der Digitalbranche tätig, seit zehn Jahren als Blogger und Social-Media-Experte. Wann immer sich eine Gelegenheit ergibt, berichtet er als Redner auf großen Veranstaltungen von seinen Erfahrungen.

Für ihn war die Entwicklung des Internets ein echter Segen, erzählt er. Davor traf er sich regelmäßig mit vier, fünf Freunden und tauschte sich mit ihnen über Themen aus, die ihn interessierten oder die zu seiner Expertise gehörten: Wie verändert sich die Gesellschaft? Welchen Einfluss haben technologische Entwicklungen? Was macht die Internationalisierung mit der Bevölkerung? Er fand den Austausch inspirierend, dennoch fiel ihm die Begrenztheit des Meinungsspektrums und auch des Wirkungskreises auf. Seit es das Internet gibt, hat er deshalb diese Gespräche sozusagen dorthin verlagert. In seinem Blog oder via Social Media veröffentlicht er seine Thesen und kommt dadurch mit unzähligen Experten virtuell zusammen. »Durch die Vielzahl an möglichen Kontakten wurde meine Reichweite auf einen Schlag sehr viel größer, außerdem stand mir eine unglaubliche Meinungsvielfalt und Expertise zur Verfügung. Der Austausch machte großen Spaß, weil wir uns gegenseitig befruchten.«

Was anfangs nebenbei lief, ist längst zu einem Geschäft geworden. 100 000 Menschen folgen ihm inzwischen. Heute veröffentlicht er Erfahrungen aus seinen Unternehmungen und gibt Wissen weiter, das anderen nützt. Davon profitiert auch er selbst, denn er gehört inzwischen zu den gefragtesten Keynote Speakern auf Konferenzen und Symposien zu Digitalthemen. Gebucht werde er allerdings nur, glaubt er, weil er über Themen spricht, die dem Gemeinwohl dienen. Sogar Geschäftsideen sind aus seinen Erfahrungen entstanden, beispielsweise seine neueste Gründung von Anfang 2017, »Connected Leadership«. Dahinter verbirgt sich eine Beratung rund um alle Themen der digitalen Transformation. Sie konnte nur entstehen, weil er zuvor auch in Gesprächen mit Rat und Tat zur Seite stand und seine Expertise stets weiter ausbaute.

Ibrahim Evsans Beispiel verdeutlicht auf eindrucksvolle Weise, dass es keine Einbahnstraße ist, wenn er Wissen gratis teilt. Denn hat sein Know-how einen Mehrwert, sind viele Menschen bereit, auch dafür zu zahlen und ihn etwa als Redner zu buchen oder seine Dienstleistungen gegen Honorar in Anspruch zu nehmen.

Damit die gegenseitige Befruchtung seiner Aktivitäten auch funktioniert, investiert er viel in die Pflege seiner Online-Reputation, also seiner Social-Media-Auftritte, seines Blog oder seiner Website. Mindestens zwölf Arbeitsstunden pro Woche fließen in seine Online-Reputation. Der Seriengründer empfiehlt, dass Experten 10 Prozent ihres Einkommens in Online-Werbung investieren, um ihr Geschäft weiter am Laufen zu halten und auszubauen.

Auch von Topmanagern erwartet Evsan übrigens mehr Online-Präsenz. »Die vernetzte Gesellschaft wird zunehmend relevanter«, sagt er. »Kunden und Arbeitnehmer erwarten vernetzte Unternehmen mit einem vernetzten CEO an der Spitze.« Ganz so intensiv wie er selbst brauche ein Vorstandschef im Netz nicht zu sein, fügt Evsan hinzu. Er dürfe sich dem Thema allerdings nicht verschließen.

Und er rät Topmanagerinnen und Topmanagern, das Thema nicht auf die lange Bank zu schieben. »Die Ersten werden die Sieger sein«, meint er. »Im Suchranking von Google gibt es schließlich nur zehn Plätze auf der ersten Seite.«

Eigene Erfolge nutzen und andere teilhaben lassen

Fünf Schritte zum Aufbau einer professionellen Online-Reputation

1. Technologie: Es reicht nicht, dass Website oder Blog optisch gut daherkommen. Mindestens genauso wichtig ist, dass die eigenen Inhalte Google- und systemfreundlich sind, dass sie maximale Interaktion ermöglichen oder dass Dienstleister intuitiv mit dem System zurechtkommen.

2. Positionierung: Wie wollen Sie sich positionieren und welche Expertise in den Vordergrund stellen? Überlegen Sie sich diese Frage gründlich, denn künftig sollten Ihre Veröffentlichungen durchweg auf diese Positionierung einzahlen.

3. Inhalte: Versuchen Sie nicht, möglichst viel zu veröffentlichen, um Ihre Expertise zu untermauern. Regen Sie den Appetit Ihrer Zielgruppe mit ausgewählten Beiträgen an und bieten Sie in der Verlängerung Dienstleistungen oder Produkte an. Wenn Sie Blogbeiträge schreiben, wählen Sie keine tagesaktuellen Themen, sondern solche, die über Wochen und Monate trendaktuell sind. Achten Sie auf eine positive Ausstrahlung, berichten Sie von Ihren Erfolgen. Niemand folgt Ihnen, wenn Sie den ganzen Tag meckern.

4. Bilder: Lassen Sie (Portrait-)Bilder vom Profi anfertigen. Wählen Sie einen Fotografen aus, der in den Social-Media-Kanälen bekannt und aktiv ist. Auch das wirkt sich positiv auf Ihre Klickzahlen und Rankings aus.

5. Social Media: Befeuern Sie alle Social-Media-Kanäle, die für Ihr Geschäft sinnvoll sind. Machen Sie sich mit den Besonderheiten jeder einzelnen Plattform vertraut und richten Sie darauf Ihre Inhalte aus. Verteilen Sie keinesfalls dasselbe Thema mit den gleichen Worten über alle Kanäle. Behalten Sie die Kommunikation im Blick und reagieren Sie auf Fragen. Sollten andere über Ihre Posts lästern, steigen Sie nicht in die

Diskussion ein. Folgen Sie anderen Fachexperten und kommen Sie mit ihnen ins Gespräch.

6. Suchmaschinenoptimierung: Investieren Sie einen Teil Ihres Budgets in SEO (Suchmaschinenoptimierung) und SEM (Suchmaschinenmarketing). Ihre Texte brauchen Key Words und andere Elemente, damit sie besser gefunden werden und für Google wertvoll sind.

Weg 5
Planung und Leistung

Christian Seifert, Geschäftsführer DFL Deutsche Fußball Liga, zuvor CEO von Karstadt-Quelle New Media

- Ausbildung: Universität Essen – Kommunikationswissenschaft, Marketing und Soziologie

»Herausforderungen bedeuten für mich Herausforderungen! Wenn wir innerlich wachsen wollen, gelingt das nur an den eigenen Grenzen. Solche Grenzen immer wieder zu suchen, die Energie aufzubringen, Grenzen zu verschieben in einem Sinne, der für mich als Person oder uns als Unternehmen sinnvoll erscheint, das scheint mir eine passende Beschreibung einer Herausforderung zu sein.«

Meilensteine

MTV Network: Als Direktor Marketing in Zentraleuropa war ich 1998 bis 2000 für das B2C- und B2B-Marketing sowie für neue Medien zuständig.

Karstadt-Quelle New Media: Zwischen 2000 und 2005 war ich Vorstandsmitglied des Unternehmens, ab 2004 Vorsitzender dieses Gremiums. In die Zeit meiner Tätigkeit fiel unter anderem der Erwerb des TV-Senders DSF (heute Sport1) sowie der Merchandising-Rechte an der Fifa WM 2006 in Deutschland. Der Aufbau und die Weiterentwicklung des E-Commerce und TV-Commerce standen damals im Mittelpunkt unserer Aktivitäten.

DFL Deutsche Fußball Liga: Neben meiner Aufgabe als Geschäftsführer bin ich Mitglied im Präsidium des DFL e.V. und Vizepräsident des Deutschen Fußball Bundes (DFB). Kürzlich habe ich meinen Vertrag als Geschäftsführer bis 2022 verlängert.

Sollte ich eine der Stationen hervorheben, könnte ich das gar nicht. Ich bin nicht der Meinung, dass es mehr oder weniger wichtige Stationen einer Vita gibt. Für mich waren alle Stationen wichtig. Aus jeder konnte ich etwas ziehen, denn aus jedem Erfolg und jedem Misserfolg kann ich lernen. Wichtiger waren eher Menschen und Erfahrungen. Ich hatte das Glück, auf vielen Stationen meiner beruflichen Karriere auf Mentoren zu treffen. Denn egal, wie hart man arbeitet: Man muss eine Chance bekommen, um zu beweisen, was man kann. Denn Erfolg, so sagte mir einmal ein älterer Kollege, hat immer drei Komponenten: Eine Chance zu bekommen, eine Chance zu erkennen und eine Chance zu nutzen.

> Wer Erfolg will, braucht Visionen und Ziele – gepaart mit Durchhaltevermögen.

Wladimir Klitschkos Überzeugung:
Manche Ergebnisse können sich zufällig ergeben. Große Vorhaben lassen sich allerdings nur realisieren, wenn eine Vision mit einer langfristigen Strategie dahintersteckt, auf die wir ausdauernd hinarbeiten.

»Entscheidend ist das Ergebnis, das am Ende rauskommt«

Projekt: Medienrechtevergabe der Fußballbundesliga

Mitbewerber/Gegner: Ausländische Profifußballliegen, alle reichweitenstarken Medienangebote, die Zuschauer oder Nutzer ansprechen und finden wollen

Herausforderung: Vermarktung der Fußballrechte für vier Jahre innerhalb einer kurzen Ausschreibungsphase; Steigerung des Ertrags durch Erschließung neuer Märkte und Geschäftsfelder

Von Mal zu Mal meldet die Deutsche Fußball Liga (DFL) neue Rekorde beim Verkauf der Medienrechte für die Bundesliga. Das letzte Spitzenergebnis lag bei gut 4,6 Milliarden Euro für eine Dauer von vier Jahren, das macht rund 1,15 Milliarden Euro für die mediale Vermarktung einer Saison. Der Erfolg spricht für sich und Christian Seiferts Vertrag als DFL-Geschäftsführer wurde kürzlich erneut verlängert, bis zum Jahr 2022. Seit 2005 verantwortet er die Geschäfte bei der DFL. Unter seiner Ägide ist die Bundesligavermarktung in zehn Jahren zehnmal so stark gewachsen wie die deutsche Wirtschaft.

Doch selbstredend, so beschwichtigt er, ist dies nicht alleine sein Verdienst. 250 Mitarbeiter sind in der Unternehmensgruppe beschäftigt, 80 davon in der Muttergesellschaft. Das Kernteam rund um die Ausschreibungen besteht aus fünf Mitarbeitern. Sie arbeiten jahrelang darauf hin, dass sie am Ende dieser Phase vor die Medien treten können, um das neue Ergebnis zu verkünden.

Die Arbeitsweise der DFL ist ein Paradebeispiel dafür, was es heißt, langfristig zu denken und kontinuierlich Leistung zu bringen. »›Ongoing Business‹ mit einem neuralgischen Entscheidungspunkt«, nennt der Geschäftsführer das, was er und sein Team tun. Weil es am Ende der vier Jahre eine kurze Phase von wenigen Wochen gibt, in der die Ausschreibung läuft und in der alle Abschlüsse mit den TV- und Internet- sowie Mobilfunkanbietern unter Dach und Fach gebracht werden müssen. »Fehler sind in der heißen Phase nur bedingt reparabel«, sagt der DFL-Geschäftsführer. »Wir müssen im richtigen Moment das Richtige tun. Dafür bereiten wir uns bestmöglich vor, doch es ist dennoch immer auch Bauchgefühl gefordert.«

Was passiert, wenn in einer solchen heißen Phase der Ausschreibung Fehler gemacht werden, war in der Fußballbundesliga noch nie deutlich sichtbar. Handballfans erlebten Anfang 2017 hingegen, dass der Verkauf der Vermarktungsrechte vor Sportgroßereignissen kein Selbstläufer ist. Keiner der deutschen TV-Sender konnte sich aufgrund komplizierter Verträge des Handballweltverbandes mit deren Rechtevertretern die Übertragungsrechte an der Herren-Handball-WM in Frankreich sichern. Nur weil ein Werbepartner des Deutschen Handballbundes in letzter Minute einsprang, waren die Spiele immerhin via Internet-Livestream zu sehen.

Für den deutschen Handballsport war das eine verpasste Chance. In der Fußballbundesliga wäre es eine Katastrophe: Ohne TV-Übertragung keine Reichweite, ohne Reichweite keine Sponsoren, ohne Sponsoren keine Einnahmen. Die einzelnen Clubs sind sehr auf die Einnahmen aus der Medienrechtevergabe angewiesen. Je nach Verein machen sie 10 bis 50 Prozent ihrer gesamten Einnahmen aus, sagt Christian Seifert. Entsprechend professionell geht die DFL die Aufgabe an. Das Team beginnt zügig nach dem Abschluss einer Ausschreibung mit der Vorbereitung der nächsten Runde.

Vier Aspekte bereitet die DFL dabei generalstabsmäßig vor:

- **Rechtliche Rahmenbedingungen:** Weil die DFL bei der Vermarktung der Bundesliga eine marktbeherrschende Stellung hat, begleitet die Kartellbehörde die Ausschreibung der Rechte aufmerksam. Sie achtet beispielsweise darauf, dass die Spiele nicht nur im Bezahl-TV, sondern ebenso in den frei empfangbaren Programmen gezeigt werden. Seifert nennt neben einem klaren Konzept Transparenz in der Kommunikation essenziell für den reibungslosen Ablauf.
- **Technologie:** Bei der Entwicklung der TV- und Telekommunikationstechnologie sind vier Jahre eine kleine Ewigkeit. Tatsächlich muss die DFL sogar antizipieren, was in acht Jahren marktüblich sein wird, damit ihre Übertragungsrechte auch zum Ende der Laufzeit noch attraktiv sind. Fernseh-, Internet- und Mobilfunkrechte klingen heute nach einer Selbstverständlichkeit, doch wer hätte vor zehn Jahren gedacht, dass Menschen auf dem Smartphone Fernsehen schauen? Auch die digitale Piraterie ist ein Thema, mit dem sich DFL-Experten eingehend beschäftigen, damit Missbrauch der Rechte weiter eingeschränkt werden kann.
- **Zuschauer:** Wie konsumieren Fußballfans Bundesligaspiele in vier, sechs oder acht Jahren? Präferieren sie Zusammenfassungen im TV oder

kurze Clips auf dem iPhone? Oder Live-Übertragungen auf YouTube? Welche Auswirkungen haben Entscheidungen über die Medienrechte auf den Stadionbesuch? Um Antworten darauf zu finden, betreibt die DFL umfangreiche Marktforschung. Die Ergebnisse gleicht sie mit ihrer langjährigen Erfahrung ab und entwickelt daraus passende Formate.

- Medienunternehmen: Dann gilt es, die Vorstellungen verschiedener Sender in Einklang zu bringen. Frei empfangbare Sender sind auf Pay-TV-Anbieter abzustimmen, genauso aber auch Mobilfunk- und Internetanbieter weltweit. Um die damals noch schwache Pay-TV-Landschaft in Deutschland zu stabilisieren, hat DFL 2008 ein Samstagsspiel um 18:30 Uhr eingeführt, das seitdem exklusiv bei Sky übertragen wird. Das ärgerte die Verantwortlichen der ARD, schließlich läuft zu der Zeit traditionell ihre Sportschau mit den Zusammenfassungen des Tages. Dennoch gewann der Pay-TV-Anbieter neue Kunden, die das Live-Spiel sehen wollten, ohne dass das Erste Einbußen hinnehmen musste. DFL hatte vor diesem Schritt umfangreiche Kundenbefragungen durchgeführt, die auf diese Entwicklung schließen ließen.

Wie jedes Wirtschaftsunternehmen ist es das Ziel der DFL zu wachsen. Allerdings ist das gar nicht so einfach, wenn die Haupteinnahmequelle die Übertragungsrechte der Spiele in Deutschland ist. Schließlich kann die DFL den Preis für die Rechte nicht beliebig in die Höhe treiben. Neue Formate wie bei Sky sind daher eine Möglichkeit, das Ergebnis zu steigern. Noch viel stärker gilt das für die Vermarktung im Ausland. Hier sieht Seifert künftig die großen Wachstumschancen. Die deutsche Bundesliga gehört zu den sechs größten Profiligen weltweit und hat Fans in vielen Ländern der Welt. Das spiegeln die Umsätze der DFL wider: Vor zehn Jahren, sagt Seifert, lag der Umsatzanteil der Vermarktungsrechte im Ausland bei weniger als 5 Prozent aller Medienrechte. Inzwischen ist er auf gut 20 Prozent gewachsen.

Doch egal, wo Fans die Fußballspiele verfolgen, müssen sie es mit Begeisterung tun. Auch das sieht der DFL-Geschäftsführer als seine Aufgabe an. Die Spiele müssen attraktiv sein. Der Sport muss »sauber« sein, also etwa ohne Wettskandale oder Manipulation der Ergebnisse. Und das sportliche Niveau muss vergleichbar sein mit anderen Weltklasseligen, wie etwa der Premier League oder der spanischen Liga. Dazu bedarf es permanenter Überlegungen und Gespräche mit Clubs, Medienunternehmen, Fans, Institutionen und anderen Ligen. Weil es wichtig ist, *langfristig zu denken und kontinuierlich Leistung zu bringen.*

Offiziell ist Seifert der Geschäftsführer des DFL, doch genau genommen ist er ein Diplomat. Über vier Jahre muss er für den Fußball werben, muss sich mit den Meinungen und Vorstellungen aller Interessenten und Stakeholder intensiv beschäftigen, damit die Bundesliga ihre herausgehobene Position behält. Schließlich haben alle Vereine und Ligen ein Interesse daran zu wachsen. Nur wenn Seifert im Austausch mit ihnen bleibt, erfährt er, welche Neuerungen sie ausprobiert haben und wie die DFL von ihnen lernen kann.

Das alles macht er mit einem Ziel: Die Bundesliga soll weiter eine der stärksten Sportligen der Welt bleiben. Dazu sind finanzielle Mittel nötig, weshalb die Medienrechte auch wirtschaftlich erfolgreich vermarktet werden müssen. Die nächste Ausschreibung kommt bestimmt, sagt der Geschäftsführer, und sie ist auch nur die vor der folgenden. Es ist nicht Christian Seiferts Art, sich öffentlich mit seinen Erfolgen zu rühmen. Er gibt nur einen Kommentar dazu, den die Marke »Under Armour« in einem Werbespot mit Michael Phelps verwendet hat: »It's what you do in the dark that puts you in the light.« Vereinfacht übersetzt, heißt es: Entscheidend ist, was hinten rauskommt.

Langfristig denken und kontinuierlich Leistung bringen

So verlieren Sie auch beim Marathon das Ziel nicht aus den Augen

1. Definieren Sie Ihr Ziel: Was wollen Sie in einem, zwei oder vier Jahren erreicht haben? Es muss etwas Großes, Wichtiges, Visionäres sein, damit es sich lohnt, langfristig zu denken, eine so lange Zeit darauf hinzuarbeiten und nicht auf dem Weg aufzugeben.

2. Beginnen Sie sofort mit der Vorbereitung: Verfallen Sie nicht in Untätigkeit, nur weil das Ziel weit weg scheint. Fangen Sie direkt an zu arbeiten, ohne allerdings in Aktionismus zu verfallen.

3. Denken Sie in Szenarien: Machen Sie keine starren Pläne, sondern entwickeln Sie Szenarien. Welche Wege gibt es, um Ihre Vision umzusetzen? Entscheiden Sie sich für eine konkrete Möglichkeit und wechseln Sie den Pfad, falls es erforderlich ist. Bleiben Sie beweglich.

4. Legen Sie den Ablauf fest: Bei aller Agilität: Legen Sie fest, welche Schritte am Anfang stehen müssen, welche Partner frühzeitig involviert werden müssen und welche logischen Schritte als Zweites, Drittes, Viertes folgen.

5. Überprüfen Sie Ihre Leistung regelmäßig: Schaffen Sie Routinen, um kontinuierlich Leistung zu bringen. Vereinbaren Sie regelmäßige Telefonate oder Treffen mit Kolleginnen oder Kollegen, in denen Sie sich gegenseitig über den Fortschritt informieren. Verabreden Sie Arbeitspakete bis zum nächsten Austausch.

6. Feiern Sie Ihre Etappenziele: Denken Sie nicht nur ans Abarbeiten, freuen Sie sich auch über Erreichtes. Stellen Sie das Geleistete in den Vordergrund, wertschätzen Sie die Arbeit Ihres Teams und schmeißen Sie beim nächsten Meeting eine Runde.

Reflexion

Miriam Goos, Geschäftsführerin Stressfighter Experts, Ärztin; zuvor Neurologin an der Universitätsklinik Göttingen

- Ausbildung: Universität Hamburg, Medizinstudium und -promotion

»Herausforderungen bedeuten, mich mit voller Power raus aus der Komfortzone zu bewegen.«

Meilensteine

King's College London: Ich machte ein Praktikum in der Inneren Medizin beim Leibarzt der Queen. Ich war beeindruckt von der Diskretion, mit der dort gearbeitet wurde; und von der unglaublichen Reichhaltigkeit an Wissen sowie dem extrem hohen Anspruch dort.

Universität Hamburg: Ich schrieb eine experimentelle wissenschaftliche Doktorarbeit bei Professor Ulrike Beisiegel in Biochemie. Ich lernte unglaublich viel, auch sehr grundlegende Dinge: Wie setze ich die Experimente auf? Was zeigt mir jedes Ergebnis? Was leite ich daraus ab und was will ich im nächsten Schritt untersuchen? Bis hin zu der großen Frage: Wie funktioniert Wissenschaft eigentlich?

Universitätsklinikum Göttingen: Bei Professor Gerald Hüther arbeitete ich in der wissenschaftlichen Forschung der Neurobiologie. Am prägendsten waren die Laborbesprechungen mit ihm, in denen wir weit über die Ergebnisse hinaus diskutierten: Was bedeuten sie für unsere Welt, die Erziehung und das Lernen? Was für ein Umfeld brauchen wir, um unser volles Potenzial entfalten zu können? Egal, ob in Schulen, an Arbeitsplätzen, im Alltag. Das waren sehr spannende Diskussionen.

> Erfolgreiche Führungskräfte sind in vielem gut: Sie sind durchsetzungsstark, denken strategisch, können motivieren und behalten in turbulenten Zeiten einen kühlen Kopf. Worin viele von ihnen Nachhilfeunterricht benötigen, ist die Entspannung.

Wladimir Klitschkos Überzeugung:
Von Spitzensportlern können sie lernen, dass auf harte Arbeit eine Phase der Entspannung und Reflexion folgen muss. Denn Anspannung funktioniert auf Dauer nicht ohne Entspannung.

»Stress hilft, Dauerstress schadet uns«

Geschäftsidee: Effektives Präventionsprogramm für Führungskräfte und Mitarbeiter gegen Stress

Mitbewerber/Gegner: Coaches, Trainer und Berater

Herausforderung: Menschen zu einer Bewusstseins- und Verhaltensänderung zu bringen

Es war ein Schlüsselerlebnis, das Miriam Goos zu ihrer Geschäftsidee brachte: Sie arbeitete als Neurologin in der Notaufnahme der Uniklinik Göttingen, als eine junge, ambitionierte Event-Managerin eingeliefert wurde. Sie war aus heiterem Himmel bei der Arbeit zusammengebrochen. In den kommenden Wochen verschlechterte sich ihr Zustand, Kopfschmerzen und Schwindelanfälle nahmen zu. Sie verlor das Gefühl in einem Arm und einer Wange. Goos sagte, sie hatte gleich das Gefühl, dass es sich um Stress- oder Ermüdungserscheinungen handeln könnte. Aber die Patientin stritt das vehement ab. Die Ärzte untersuchten sie mit aufwendigen diagnostischen Verfahren, konnten allerdings partout keine organische Ursache finden. Gemeinsam kamen sie zu dem Schluss, dass nur eine psychosomatische Ursache infrage kam. Goos verschrieb ihr ein Antidepressivum und empfahl eine Psychotherapie. Über die Jahre kam die junge Frau immer wieder in die Klinik. Es ging ihr zwar besser als beim Erstkontakt, sie fand jedoch nicht in ihr altes Leben zurück. Mit maximal 50 Prozent erreichte sie weniger als die Hälfte ihrer vorherigen Leistungsfähigkeit.

Miriam Goos dachte viel über die junge Frau nach, die fast noch am Anfang ihrer Karriere stand. Sie war erschrocken, wie schlecht die Patientin offensichtlich auf sich acht gegeben hatte. »Und es schockierte mich, wie schnell und wie tief Menschen fallen können, wenn sie die Warnsignale ihres Körpers nicht ernstnehmen.« Ihre Arbeit frustrierte die Ärztin zunehmend, weil Medizin ihrer Meinung nach zu spät und zu wenig an den tatsächlichen Ursachen ansetzt. Sie beschloss, ihren Job im Krankenhaus an den Nagel zu hängen und eine Firma mit Präventionsprogrammen gegen Stress zu gründen.

Die Zahlen sind alarmierend: Vor 40 Jahren hatten 2 Prozent aller Krankschreibungen psychische Ursachen, heute sind es gut 15 Prozent. Die Krankheitstage haben sich im selben Zeitraum verfünffacht. Die durchschnittliche Dauer psychisch bedingter Krankheitsfälle ist mit 36 Tagen dreimal so hoch wie bei anderen Erkrankungen.

»Wir haben heute viel weniger natürliche Auszeiten«, sagt die Geschäftsführerin von Stressfighter Experts. Durch die Reizüberflutung und die Ablenkung durch zahlreiche Kommunikationsmittel fallen Ruhepausen, in denen wir tatsächlich abschalten, weg. Auch neigen viele Menschen dazu, sich einem regelrechten Freizeitstress auszusetzen. Der eigene Perfektionismus, hohe Selbsterwartung, die mangelnde Abgrenzungsfähigkeit sowie Überforderung und die Angst vor Kontrollverlust wirken als Stressverstärker, sagt Miriam Goos.

Grundsätzlich, betont die Medizinerin, ist Stress etwas Positives. Sie erzählt von einer ihrer Skitouren mit bayerischen Freunden, auf der sie bei den Etappen immer zu den Letzten der Gruppe gehörte. Bis sie wegen Lawinengefahr in eine brenzlige Situation kam: Miriam Goos setzte eine unheimliche Energie frei und rettete sich auf ein sicheres Plateau – zeitgleich mit ihren Freunden. Das zeigt: Stress ist hilfreich. Nur Dauerstress führt zu gesundheitlichen Problemen. Wer mehr als acht Wochen keine Pause hatte, bekommt Probleme, überhaupt wieder einen Entspannungszustand herzustellen.

Auszeiten zur Reflexion nutzen, ist daher immens wichtig, um Stress auf einem gesunden Level zu halten. Sie geben unserem Kopf den Freiraum, um herauszufinden: Wo brauche ich gegebenenfalls Entlastung? Und sie regen an zum Nachdenken: Was ist mein Warum? Was ist mein Antrieb, was versetzt mich in Aktivität? Und wann gelingt es mir, über mich selbst hinauszuwachsen? Was ist das, was ich kann? Und ist es auch das, was mich motiviert?

Genauso wichtig wie die seelische Balance ist die Fürsorge für den Körper. Ausreichend Bewegung, guter Schlaf, eine ausgewogene Ernährung sowie Pausen zur Entspannung sind die Basis für »unseren wichtigsten Ehepartner für das ganze Leben«, wie Miriam Goos den Körper nennt. Aber ehe wir den großen Masterplan für ein gesundes Leben von Woche zu Woche vor uns herschieben, sollten wir anfangen, kleine Veränderungen in den Alltag zu integrieren. Sie empfiehlt etwa, zwei bis drei tiefe Atemzüge regelmäßig an der roten Ampel zu machen. Und es sogleich in den eigenen »Autopiloten« einzubauen. Damit wir an jeder roten Ampel automatisch tief Luft holen. Ein anderer Tipp ist die sogenannte Power Position: Zwei Minuten aufrecht sitzen. Weil es nicht nur dem Rücken gut tut, sondern auch dem Selbstbewusstsein und der inneren Harmonie.

Sind Körper und Geist entspannt und stark, führt das am ehesten zu einem resilienten Menschen. Resilienz bedeutet psychische Widerstandsfähigkeit. Um Krisen zu bewältigen und sie durch Nutzung der eigenen Ressourcen als Anlass für eine Weiterentwicklung zu nutzen. Das beinhaltet, dass wir Situationen realistisch einschätzen können und nicht direkt in Panik oder Angst verfallen.

Miriam Goos nennt sieben Faktoren, die besonders resiliente Menschen einen:

- realistischer Optimismus: positiv und zuversichtlich an Vorhaben herangehen, ohne sich dabei an Worst-Case-Szenarien zu orientieren
- Zielorientierung: ein Ergebnis vor Augen haben, statt sich treiben zu lassen
- intakte Impulskontrolle: bewusste Steuerung von Reaktionen und Kontrolle unangemessener Handlungen

- Selbstwirksamkeitsüberzeugung: Selbst aktiv werden und Verantwortung übernehmen; die Opferrolle verlassen
- Empathie: sich in andere hineindenken und -fühlen können und ihr Handeln nicht abwerten
- Emotionssteuerung: der angemessene Umgang mit guten wie schlechten Gefühlen
- Reflexionsfähigkeit: Zusammenhänge zwischen Ursache und Wirkung herstellen können

Wer im Hamsterrad gefangen ist, hat keine Möglichkeit, sich selbst und seine Erfahrungen reflektieren zu können. Menschen brauchen Abstand und Muße, weiß die Neurologin, um ihr Verhalten zu hinterfragen und sich selbst einen Spiegel vorzuhalten. Nach neueren wissenschaftlichen Erkenntnissen sorgt Reflexion nicht nur dafür, dass wir uns mit uns selbst beschäftigen, sie kann auch zu konkreten Veränderungen in den Denkstrukturen führen. Neuroplastizität heißt das Phänomen, nach dem wir unser Hirn gezielt verändern können. Vereinfacht gesagt bedeutet es, dass wir schon mit bloßer Vorstellung Synapsen, Nervenzellen oder ganze Hirnareale verändern können. »Wir Menschen sind Gewohnheitstiere«, erklärt Miriam Goos, »unsere Denkmuster verlaufen in Autobahnen im Hirn. Bei der Reflexion machen wir neue Straßen auf.« Allein durch die Vorstellung schaffen Menschen sogar Fakten im Hirn. 40 Tage regelmäßiges Umsetzen dauert es, bis alte Autobahnen verkümmern, wenn Menschen konsequent ein neues Verhalten praktizieren.

Simple Übungen können den gewünschten Erfolg bringen, etwa wenn es darum geht, mehr für die eigene Gesundheit zu tun. Beispiel Treppen laufen: Auf den Lift zu verzichten und die Stufen bis zum Büro im ersten Stock zu nutzen, schaffen auch unsportliche Menschen. Es ist eine kleine Anstrengung, die sie wenig Überwindung kostet. Ganz von alleine funktioniert sie trotzdem nicht. Sie müssen das Vorhaben jeden Tag im Kopf bewegen; sich Richtung Treppe motivieren, während andere am Lift warten; sich von Sinnhaftigkeit ihrer Verhaltensveränderung überzeugen. Haben sie das 40 Tage lang erfolgreich gemacht, müssen sie nicht mehr darüber nachdenken. Der Lift ist dann keine Option mehr, die entsprechende Autobahn im Kopf ist verkümmert.

Auszeiten zur Reflexion nutzen

Lösungen im Umgang mit Stress:

1. Reflexion: Lehnen Sie sich zurück und beobachten Sie: Was stört und belastet Sie?

2. Innehalten: Erkennen Sie einen Stressverursacher, halten Sie sofort inne. Diesem Übeltäter müssen Sie zu Leibe rücken.

3. Verändern: Begegnet Ihnen das nächste Mal eine ähnliche Situation, werden Sie aktiv. Verändern Sie bewusst Ihr Verhalten und gehen Sie den Weg, mit dem Sie besser klarkommen. Üben Sie dieses Verhalten bewusst ein.

4. Gedankenstützen: Kommt der Stressverursacher schleichend zur Hintertür herein, setzen Sie ihm einen Leuchthelm auf: Platzieren Sie beispielsweise eine Eieruhr auf Ihrem Schreibtisch, die Ihnen signalisieren soll, dass Sie sich vom Hektisieren Ihres Vorgesetzten nicht aus der Ruhe lassen bringen wollen. Wann immer Sie die Eieruhr sehen, werden Sie automatisch ruhiger.

5. Dokumentieren: Halten Sie fest: Wann ist es Ihnen gelungen, den Stressverursacher auf Anhieb zu erkennen? Wann haben Sie es geschafft, Ihr Verhalten zu verändern? Und wann haben Sie sich nicht mal mehr über Provokationen geärgert? Es hilft, täglich ein solches »Mentales Tagebuch« zu führen, um aus Wunsch Realität werden zu lassen. Gönnen Sie sich regelmäßig eine Auszeit und lesen darin.

Weg 7
Wesentliches

Jens Schmelzle, Gründer des Erklärvideoanbieters simpleshow, Mit-Initiator des Gründerzentrums Start-up-Campus Stuttgart

- Ausbildung: Hochschule der Medien, Stuttgart: Diplom-Ingenieur für Audiovisuelle Medien

»Herausforderungen bedeuten, mich aus meiner Komfortzone herauszubewegen. Das erfordert Überwindung, wird aber meist belohnt.«

Meilensteine

Freier Komponist & Musiker: Mein großer Traum war es, Rockstar zu werden. Ich hatte mit Freunden die Band »Submarien« gegründet, waren im In- und Ausland unterwegs und wurden 2006 mit dem Deutschen Rockpreis ausgezeichnet. Das Dasein als Musiker beinhaltet weit mehr als kreativ zu sein. Genau genommen waren wir Unternehmer, die ein Geschäft hochgezogen haben: Songs, Konzerte, Vermarktung, Organisation – ich habe unglaublich viel gelernt. Bei meiner Gründung von simpleshow waren die Erfahrungen enorm hilfreich.

simpleshow: Durch einen Zufall gründeten wir die Erklärvideofirma simpleshow. Wir begannen mit drei Personen im Keller und bauten ein internationales Unternehmen mit einem zweistelligen Millionenumsatz auf. Wenn mir das vorher jemand gesagt hätte, hätte ich ihn für verrückt erklärt. Der Erfolg beruhte auf einer gesunden Mischung aus Herz, Hirn und Hand und dem nötigen Glück.

3denker, Pioniergeist, Start-up Campus Stuttgart: Aus dem simpleshow-Gründerteam gingen noch weitere Unternehmen hervor. Darunter auch die Firma Pioniergeist mit dem Activatr-Programm: Es bringt etablierte Unternehmen mit Gründern zusammen und hilft ihnen, neue Geschäfts-modelle zu entwickeln und gemeinsam Start-ups zu gründen.

> Die Welt ist voller Möglichkeiten und durch Digitalisierung sowie Globalisierung scheinen geschäftliche Chancen in Hülle und Fülle vorhanden zu sein. Allerdings kann diese Sichtweise fatal sein: Wer zu viele Gelegenheiten auf einmal nutzen will, verzettelt sich leicht und erreicht am Ende gar nichts.

Wladimir Klitschkos Überzeugung:
Es ist ratsam, sich auf ein wesentliches Ziel zur Zeit zu konzentrieren und dabei auf das eigene Können zu fokussieren. Volle Konzen-tration auf weniges also – und das konsequent fortführen.

»Führungskräfte, die Kompliziertes einfach erklären können, sind im Vorteil«

Geschäftsidee: Komplizierte Inhalte in kurzen Videos einfach zu erklären

Herausforderung: Vereinfachen und dabei Essenzielles zu vermitteln

Sein erster Auftraggeber hatte ein Vertriebsproblem. Der Software-Pro-duzent erklärte die Vorzüge seines Produktes so kompliziert und mit technischen Details, dass es kaum jemand verstand. Geschweige denn wusste, warum er es kaufen sollte.

Jens Schmelzle war damals Musiker. Hauptsächlich um Geld für die Gründung eines Plattenlabels zu verdienen, rief er mit zwei Studienfreunden eine Medienproduktion ins Leben. Die Anfrage des Software-Produzenten war nicht ganz das, was sie sich für ihre Agentur vorstellten, aber sie machten sich ans Werk.

Das Ziel: ein kleiner Film. Sie hatten in ihrem Kellerbüro zwar weder ein Studio noch eine Kamera, doch sie waren sich einig: Sie wollten mit Bildern arbeiten, nicht mit komplizierten Begriffen und langweiligen Texten. Mit der Hilfe von Freunden produzierten sie ein Video, das eine kleine Geschichte zur Lösung erzählte, die die Software bot. Sehr simpel auf Papier gemalt, mit einfachen Bildern, die nacheinander ins Bild geschoben wurden, ganz ohne Fachbegriffe oder technische Sprache. Zu Hause auf dem Wohnzimmertisch aufgenommen. Sympathisch rübergebracht, leicht verständlich und vertrauenerweckend. Der Kunde war begeistert.

Bald darauf folgten Auftraggeber Nummer zwei und drei und die Idee der jungen Medienschaffenden sprach sich herum. Die Gründer entschieden, sich von der ursprünglichen Idee der Medienproduktion zu lösen und sich explizit auf Erklärvideos zu spezialisieren. simpleshow war als Unternehmen geboren. Ihre Expertise: das Lösen von Erklärproblemen.

Anfangs näherten sich die Gründer ihrer Aufgabe intuitiv. Sie wussten aus ihrem Medienstudium, dass die Aufmerksamkeitsspanne von Zuschauern immer weiter zurückgeht. Und in ihrem eigenen Umfeld bekamen sie mit, dass Bilder und Bewegtbilder viel eher geeignet sind als Texte, um Wissen in kurzer Zeit zu vermitteln.

Das führte sie zu der Erkenntnis: Sie würden nie mit geschriebenen Texten arbeiten. Ihre Videos sollen nicht länger als drei Minuten sein. Und sie würden stets mit simplen Bildern arbeiten, erläutert von einem Sprecher.

Heute ist simpleshow der weltgrößte Anbieter von Erklärvideos und die Rockband der Gründer Geschichte. Gut 10 000 Videos hat das Stuttgarter Unternehmen inzwischen abgeliefert. Mehr als 150 Mitarbeiter arbeiten an elf Standorten in mehr als 50 Sprachen für simpleshow. An einer eigenen Akademie werden sogenannte Konzepter über Monate darin geschult, ein einfaches Erklärvideo zu erstellen.

Fünf Regeln führen im Wesentlichen zu einem guten Film (siehe auch »Auf Wesentliches fokussieren – Methode am Beispiel einer Präsentation«):

1. Perspektivwechsel: Versetzen Sie sich in die Lage des Zuschauers. Welches Vorwissen hat er, welches Interesse bringt er mit?

2. Vereinfachung: Klammern Sie alles aus, was nicht essenziell ist.
3. Storytelling: Erzählen Sie eine Geschichte statt Fakten aneinander-zureihen.
4. Visualisierung: Arbeiten Sie mit Bildern. Sie bleiben länger im Kopf Ihrer Zuschauer hängen.
5. Vertrauen: Das ist das Ziel Ihrer Erklärungen: Das Publikum baut Vertrauen zum Thema auf. Es entwickelt Selbstvertrauen, um sich mit dem Sachverhalt zu beschäftigen, weil es ihn in den Grundzügen verstanden hat. Es wird also fachlich wie motivational befähigt.

Diese fünf Punkte bieten den simpleshow-Konzeptern einen guten Anhaltspunkt, wie sie ein Video aufbauen können.

Bleibt die Frage: Was erzählen sie in der Präsentation? Wie entscheiden sie, welche Inhalte sie weglassen und wie brechen sie Kompliziertes auf leicht Verständliches herunter? *Wie fokussieren sie sich auf das Wesentliche?*

Vom »Warum«, also der Erklärung eines Sachverhalts, zum »Wie«, der Beschreibung einzelner Schritte, lautete die oberste Regel bei simpleshow. Wenn nicht erklärt wird, warum etwas wichtig ist, warum ein Produkt lanciert oder eine Abteilung umstrukturiert wird, interessiert sich niemand für das Wie, ist Jens Schmelzle überzeugt.

Wichtig ist, für eine Erklärung eine anschauliche Analogie aus dem Wissensbereich der Zielgruppe zu wählen. Will man einem Kind beispielsweise die Zentrifugalkraft erklären, so würde Schmelzle als Beispiel ein Kettenkarussell wählen. Kinder haben sicher schon erlebt, dass sie mit ihrem Sitz nach außen gedrückt werden, wenn sich das Karussell dreht.

Einem Erwachsenen läge womöglich das Beispiel vom Autofahren näher. Wenn sie beim Fahren zu schnell in eine Kurve eintreten, wird das Fahrzeug nach außen und womöglich sogar von der Fahrbahn gedrückt. Die Zentrifugalkraft bedeutet hier sehr erlebbar: Fahrer sollten die Geschwindigkeit vor der Kurve drosseln, damit sie nicht aus der Kurve fliegen. Viele Autofahrer haben dies ansatzweise am eigenen Leib erlebt.

Ein anderes Beispiel handelt von Eis, also gefrorenem Wasser. Einem Kind verdeutlicht Schmelzle das, indem er ihm aufzeigt, dass ein See im Sommer voll Wasser ist. Im Winter hingegen, wenn die Temperaturen unter den Gefrierpunkt von 0 Grad rutschen, gefriert es zu Eis. Dasselbe geschieht, wenn sie Wasser in einem entsprechenden Behälter ins Gefrierfach stellen. Es kommt als fester Eiswürfel heraus und wird wiederum zu Wasser, wenn sie ihn bei Zimmertemperatur langsam auftauen.

Bei einem Erwachsenen ist dieses Vorwissen vorauszusetzen, der Erklärer kann direkt auf die physikalische Ebene abheben. Wasser bildet beim Gefrieren Kristalle, da unter dem Gefrierpunkt die thermische Anregung zwischen den Molekülen kleiner ist als die anziehende Wechselwirkung zwischen den positiv geladenen Wasserstoffatomen und den negativ geladenen Sauerstoffatomen. So wird aus flüssig fest.

Für die Vereinfachung von Botschaften heißt das generell: Spricht ein Vortragender zu Laien, sollte er deutlich auf das »Warum« abheben. Referiert er vor Experten und Menschen mit Fachwissen, kann er mehr über das »Wie« erzählen.

Diese Regeln, betont Schmelzle, gelten für jede Form der Erklärung:

- Will ein Verkäufer etwa auf sein Produkt aufmerksam machen, sollte er zuerst die Vorteile nennen (Warum sollte jemand es kaufen?), statt etwa die Eigenschaften zu beschreiben (Welche technischen Daten hat es?).
- Will der Personalleiter die Veränderungen in der Organisation vor der Belegschaft erläutern, ist es ratsam, dass er den Mitarbeitern zuerst Ängste nimmt und Selbstbewusstsein schafft (Warum sind die Maßnahmen wichtig für den künftigen Erfolg der Firma und der Belegschaft?), statt auf den Ablauf des Umbaus einzugehen.

Insbesondere Führungskräfte, sagt Jens Schmelzle, sollten sich fit machen in der Kunst der einfachen Erklärung. Weil es nicht ihre Aufgabe ist, Wissen zu verwalten, sondern es weiterzugeben und so andere zu befähigen, neue Herausforderungen zu meistern. Und das Gute ist, fügt er hinzu: »Eine einfache Erklärung ist kein gottgegebenes Talent, sondern ein Handwerk, das man erlernen kann.«

Auf Wesentliches fokussieren

Methode am Beispiel einer Präsentation

1. Um einfach zu erklären, benötigen Sie einen Perspektivwechsel: Versetzen Sie sich in die Lage des Publikums. Welchen Kenntnisstand hat es? Welches Interesse hat es an Ihrer Präsentation? In welcher Stimmung treffen Sie und Ihr Publikum aufeinander?

2. Schütteln Sie den »Fluch des Wissens« ab: Klammern Sie komplizierte Hintergründe aus und haben Sie den Mut, auf Details und Ausnahmen zu verzichten. Selbst wenn Sie noch viel mehr über das Thema erzählen könnten: Beschränken Sie sich auf die Grundlagen.

3. Starten Sie die Präsentation mit der Beantwortung des »Warum«: Eine gute Erklärung beruht immer auf kausalen Zusammenhängen. Wer weiß, warum etwas geschieht, versteht das Thema schneller, als wenn man ihm das »Wie«, also die Eigenschaften, beschreibt.

4. Drei Minuten hat jeder, 30 Minuten keiner: Nutzen Sie die Aufmerksamkeitsspanne Ihres Publikums, um sein Interesse zu gewinnen, und nicht, um Ihr Thema möglichst detailgenau und ausführlich zu beschreiben.

5. Betreiben Sie Storytelling: Erzählen Sie eine kleine Geschichte. Stellen Sie sich vor, Sie wollten Kindern etwas beibringen. Jeder hört lieber eine unterhaltsame Anekdote als eine Aneinanderreihung von Fakten. Verwenden Sie Analogien aus dem Alltag Ihres Publikums.

6. Visualisieren Sie Ihre Geschichte: Denken Sie in Bildern und nutzen Sie sie für die Kommunikation. Das zwingt Sie automatisch dazu, einfache Sachverhalte zu beschreiben. Zudem helfen Bilder enorm, um Emotionen auszudrücken und anzusprechen.

Kompetenzen

Jean-Remy von Matt, Gründer, Inhaber und Vorstand der Kreativagentur Jung von Matt, davor Stationen bei Springer & Jacoby, Eiler & Riemel, Ogilvy & Mather sowie BMZ

* Ausbildung: Diplom-Werbekaufmann in der Schweiz

»Herausforderungen erscheinen als gedanklicher Berg, den ich überwinden muss, um weiterzukommen. Das erfordert Mut, Ausdauer und die richtige Vorbereitung.«

Meilensteine

BMZ Baums, Mangs, Zimmermann: Als ich mir 1974 meinen ersten Job suchte, ging ich einigermaßen wahllos vor. Ich bewarb mich in Düsseldorf, Wien und Zürich als Werbeberater, Mediaplaner und als Kreativer. Dass ich in Düsseldorf bei BMZ landete, war reiner Zufall. Ich überlegte hinterher häufig: Wie hätte mein Weg wohl ausgesehen, wäre der Berufseinstieg anders verlaufen? Doch damals konnte ich nicht sehr wählerisch sein. Es war die Zeit der Ölkrise, die Werbebudgets waren im Keller, viele Agenturen hatten Einstellungsstopp.

Springer & Jacoby: Zwölf Jahre später wechselte ich als Geschäftsführender Gesellschafter nach Hamburg. Ich hatte wesentlich lukrativere Angebote, aber ich wollte unbedingt bei der damals besten Kreativagentur

Springer & Jacoby arbeiten. Der Wechsel hätte krasser nicht sein können: Ich kam aus einer kleinen, feinen Münchener Agentur. Springer & Jacoby war dagegen ein Haifischbecken. Es war eine turbulente und spannende Zeit, in der ich mit Holger Jung zusammentraf.

Jung von Matt: Mit ihm gründete ich 1991 unsere eigene Agentur. Es erwies sich als außerordentlich glückliche Partnerwahl, wir ergänzten uns hervorragend. Obwohl ich damals schon so lange in der Werbung tätig war, stellte mich die Firmengründung vor ganz neue Herausforderungen. Ich musste in vielerlei Hinsicht meine Komfortzone verlassen, um den Schritt zu einem erfolgreichen werden zu lassen.

»Schuster, bleib bei deinem Leisten«, heißt ein altes Sprichwort. Es bringt allerdings nur teilweise zum Ausdruck, was es bedeutet, auf eigene Kompetenzen zu vertrauen: Kenne deine Stärken, nutze und entfalte sie, gerne auch über den bisherigen »Leisten« hinaus. Mache das Beste aus ihnen.

Wladimir Klitschkos Überzeugung:
Diese Einstellung schafft Selbstsicherheit und die Gewissheit, das Richtige zu tun.

»Ich schminke mir keine Kompetenzen an«

Thema: Ein Leben lang vor Kreativität zu sprühen. Kompetenzen zu bewahren, auszubauen, ständig zu hinterfragen.

Gegner/Mitbewerber: Jeder Kreative und Möchtegernkreative. Andere Aufmerksamkeitsfresser.

Herausforderung: Weiter zur kreativen Elite zu gehören und am Markt so wahrgenommen zu werden. Sich nicht in seinem eigenen Kompetenzbereich verunsichern zu lassen.

Für alles Mögliche gibt es Analyseverfahren. Warum noch niemand einen Prozess entwickelt hat, der die Talente von Schulabgängern oder Studierenden ermittelt, findet Jean-Remy von Matt unglaublich. »Es gibt so viel Talent auf der Welt, das nicht zum Einsatz kommt«, ist er überzeugt. Umgedreht kenne er viele Menschen, die gerne eine bestimmte Position erlangen würden, dazu jedoch nicht das Zeug haben und sich schließlich als verkannte Genies bemitleiden. Bei dem gebürtigen Schweizer war es eher Zufall, dass er als Kreativer in der Werbung landete. Er näherte sich erratisch seinem Berufswunsch, wie er es nennt: Ließ sich viel Feedback geben, hörte in sich hinein, machte Stärken und Schwächen aus, glich sie mit seinen Interessen ab und meinte schließlich, seine *Kompetenzen* gut im weiten Feld der Werbung einbringen zu können. »Grundverkehrt war das nicht«, sagt er heute. Auch wenn er glaubt, er wäre als Architekt noch besser geworden.

Bevor Jean-Remy von Matt als Werber über den Kollegen- und Kundenkreis für seine Kompetenzen und Erfolge hinaus bekannt wurde, dauerte es eine Weile. Es hat keinen plötzlichen Durchbruch gegeben. Viel eher war es ein langer Anstieg mit sehr viel Arbeit und unzähligen kleinen Schritten. Jeder Kreativpreis hat ein bisschen mehr Renommee, ein Stückchen mehr Anerkennung gebracht. Hat es auch mehr Kompetenz gebracht?

Bestimmt. Der Kreative meint allerdings, auch nach gut 40 Jahren im Job wisse er noch nicht genau, wo seine Kompetenzen eigentlich liegen. Fragt man Außenstehende, haben die hingegen schnell eine Antwort parat. Jean-Remy von Matt gilt als begnadeter Texter und einer der kreativsten Werber überhaupt. Kreativguru nennen ihn die Medien. Er steht für die frechen lauten Sixt-Motive genauso wie für die Saturn-Kampagne »Geiz ist geil«.

Kann man Kreativität lernen? Ein gewisses Talent ist wohl vonnöten, meint der Unternehmer, allerdings gehöre auch viel Praxis dazu. »Talent, Disziplin und Fleiß sind die Grundbausteine jeder Karriere.« Manchmal beobachtet er bei jüngeren Kollegen, dass sie auf Teufel komm raus genial sein wollen. Das funktioniere selbstredend nicht. Man braucht Abstraktionsvermögen, die Fähigkeit, sich vom Thema zu lösen, um sich ihm dann von einer anderen Seite zu nähern. Und man muss sich schlicht locker machen können, darf nicht verkrampfen. »Es ist keine gute Idee, auf das Optimum abzuzielen«, sagt er. »Das ist so, wie wenn ein Hochspringer beim Training auf Weltrekordhöhe startet.« Jungen Kolleginnen und Kollegen rät er: flach beginnen, einfache uninspirierte Lösungen scribbeln. Darauf herumdenken und sich allmählich spielerisch steigern. Die größte Bremse sei oft die Angst vor Fehlern. Die zu überwinden, könne man durchaus lernen.

Klingt nachvollziehbar. Doch wie vertraut man darauf, dass am Ende eine tolle Idee steht, eine geniale Lösung? Hat ein Jean-Remy von Matt noch Selbstzweifel, ob er *auf die eigenen Kompetenzen vertrauen kann?* Ob er rechtzeitig einen Geistesblitz hat? Erfahrung helfe ihm, locker zu bleiben, sagt er. Und er hat den Ehrgeiz, etwas Überzeugendes, Einzigartiges zu kreieren. Dennoch habe auch er kein Abonnement auf gute Ideen.

Früher habe ihm die kritische Auseinandersetzung mit Kollegen sehr geholfen, sagt der Agenturvorstand. Je erfolgreicher er aber geworden ist, desto weniger Menschen habe er im Umfeld, die ihn kritisieren. »Das ist angenehm, aber schädlich.« Deshalb schätze er den Austausch mit seinen erwachsenen Söhnen heute umso mehr. »Meine Kinder und meine Frau sind die Einzigen, die mich offen kritisieren und auch mal auslachen.« Weil Kritik von außen selten geworden ist, sei Selbstreflexion und Selbstkritik für Führungskräfte umso wichtiger, meint er. Seiner Meinung nach sollten sie zur Kernkompetenz von Managern und Unternehmern gehören, auch wenn er weiß, dass häufig das Gegenteil der Fall ist.

Und wie ist es mit dem *Ausbau der Kompetenzen?* Ist nach 40 Jahren im Job noch Luft nach oben? »In allen Berufen, die große Veränderungen erleben, spielt Weiterbildung eine wichtige Rolle«, sagt der 64-Jährige. »Bei uns in der Werbung ist es die Medienrevolution, die manches Umdenken erfordert. Wer sich nicht auf Ballhöhe hält, stagniert im besten Fall.« Für ihn persönlich bedeutet es aber nicht, dass er sich in all diese Themen tief reinarbeitet. Er beschäftigt sich mit Innovationsthemen, das schon, er muss sie allerdings nicht alle selbst beherrschen, meint er. Sein Umgang mit Social Media verdeutlicht dies: Die Bedeutung von sozialen Netzwerken ist ihm völlig klar. Trotzdem beteiligt er sich an diesen nicht aktiv. Dem Geschehen im Kurznachrichtendienst Twitter folgt er lediglich passiv, bei Facebook ist er mit einem anonymen Konto vertreten: »Ich schminke mir keine Kompetenz an«, sagt er selbstbewusst.

Trotzdem liebt er nach wie vor die Herausforderung: Er macht mit seiner Agentur aktuell eine inhaltliche Erweiterung. Zum ersten Mal seit

Bestehen der Firma macht Jung von Matt Politikwerbung. Erst unterstützte der Gründer bei der Wahl in Österreich den Präsidentschaftskandidaten Alexander van der Bellen. Danach bat Angela Merkel ihn, sie ihm Wahlkampf für ihre vierte Amtszeit zu unterstützen. Das bedeutet eine klare Kompetenzerweiterung: Wahlkampfwerbung ist sehr viel agiler, es gelten andere Mechanismen und Gesetze als bei der Entwicklung von Autokampagnen, sagt von Matt. Und sie ist hektischer.

Intern war die Entscheidung, Werbung für die Kanzlerin zu machen, nicht unumstritten, doch Jean-Remy von Matt setzte sich durch. Er argumentierte, dass die Wahl angesichts des Rechtsrucks in anderen Ländern eine besondere sei. Außerdem wollte er der Kanzlerin, die ihn persönlich gefragt hatte, nicht absagen. Und auch das wird wohl mitgeschwungen haben im Hinterkopf des Werbers: Der Auftrag hat das Zeug dazu, krönender Abschluss seiner Karriere zu werden. Er feiert kurz nach der Bundestagswahl seinen 65. Geburtstag. Eine solche Story konnte sich der Werber kaum entgehen lassen.

Auf eigene Kompetenzen vertrauen

Fünf Schritte, um sich der eigenen Kompetenz bewusst zu werden

1. Definition: Formulieren Sie, welche Kompetenzen Sie haben. Achtung: Das, was Sie am liebsten machen, ist nicht immer das, was Sie am besten können.

2. Wirkung: Befragen Sie Ihr Umfeld: Für welche Kompetenzen stehen Sie, wie werden Sie wahrgenommen?

3. Abgleich: Vergleichen Sie Wunsch und Wirklichkeit miteinander. Würden Sie lieber für andere Themen stehen? Dann handeln Sie künftig danach.

4. Wachstum: Überlegen Sie, wie Sie Ihre Kompetenzen erweitern können. Welche Herausforderung macht Sie klüger, welche Erfahrung nützt Ihren Kernkompetenzen?

5. Kommunikation: Machen Sie einen Plan: Welche Artikel wollen Sie schreiben, welche Vorträge halten, an welchen öffentlichen Diskussionen teilnehmen, um Ihr Profil in der Wahrnehmung zu schärfen? Pflegen Sie Ihre Social-Media-Auftritte entsprechend und üben Sie eine überzeugende Vorstellung Ihrer Person. Nutzen Sie jede Gelegenheit, um Ihre Kernkompetenz bekannt zu machen.

Potenzial

Leopold Hoesch, Produzent, Geschäftsführender Gesellschafter, BROADVIEW TV GmbH (unter anderem Filme wie *Angela Merkel. Die Unerwartete, Nowitzki. Der perfekte Wurf, Klitschko* sowie *Das Wunder von Leipzig*); zuvor freier Produzent

• Ausbildung: Diplom-Regionalwissenschaftler, Universität zu Köln

»Herausforderung bedeutet für mich, die beste Geschichte in der Geschichte zu finden und sie perfekt zu erzählen.«

Meilensteine

Gründung von **BROADVIEW TV GmbH im Jahr 1999**: Es war immer mein Traum, genau wie meine Vorfahren selbst ein Unternehmen zu gründen. Fernsehen und Internet miteinander zu verbinden und Social Communities um Bewegtbildinhalte zu bauen, war unser Ziel. Allerdings musste ich lernen, dass es tausendmal schlimmer ist, eine Idee zu früh zu haben als zu spät. Nach Platzen der digitalen Blase im Jahr 2000 gingen wir »Back to the Roots« und fingen an, wieder klassisches Fernsehen zu produzieren. Als das ZDF uns beauftragte, *Stalingrad* zu produzieren, war das unser Durchbruch. Wir sind für die dreiteilige deutsch-russische Co-Produktion mit ins finanzielle Risiko gegangen, dafür war es uns gestattet, den Film nach der Ausstrahlung international zu vermarkten. Wir verkauften den Film in 140 Länder und wurden mit einem Emmy ausgezeichnet. Heute sind wir der führende unabhängige deutsche Dokumentarfilmproduzent.

Cinedom Köln: 5 000 Besucher zur Premiere *Nowitzki. Der Perfekte Wurf.* 2 500 Zuschauer im Kino, 2 500 Fans davor. 100 Journalisten aus aller Welt. Dirk war mit seinem NBA-Team, den Dallas Mavericks, aus Dallas angereist, in ihrer privaten Boing 757. Mir war klar, so eine große Premiere – die Krönung von drei Jahren Arbeit – mit einem späteren Dokumentarfilm noch mal zu erreichen, wird meine größte Herausforderung.

TubeLounge: Meinen jüngsten Meilenstein habe ich 2016 erreicht und begonnen, neue Firmen mit neuen Geschäftsmodellen zu gründen, wie etwa TubeLounge GmbH. Dahinter steht die Gründung von YouTube-Kanälen, um die wir Social Media Communities herumbauen. Mit Facebook, Twitter, Instagram und Snapchat ist das wesentlich leichter als mit Nokia 9110 und 14k-Modems im Jahr 1999.

Was schlummert in Menschen und Organisationen, das bislang unentdeckt ist? Wo gibt es Potenzial, das nicht abgerufen wird? Und wo liegen die Stärken in ganz anderen Bereichen als vermutet? Manchen Menschen gelingen ihre Vorhaben, ohne dass sie sich scheinbar anstrengen. Andere scheitern an einfachsten Aufgaben, weil sie sich falsch einschätzen. Deshalb helfen eine vernünftige Analyse und der ehrliche Umgang mit Stärken und Schwächen, um echtes Potenzial zu identifizieren und nutzbar zu machen.

Wladimir Klitschkos Überzeugung:
Wer sich Offenheit bewahrt, entdeckt nicht nur Chancen bei sich selbst, sondern auch bei anderen. Das stärkt die Menschenkenntnis und schärft den Blick für Begabungen, Talente und Opportunitäten.

»Wenn wir Unwichtiges weglassen, kommt das Wichtige besser zur Geltung«

Projekt: Bewegende Geschichten zu erzählen und dabei kommerziell erfolgreiche Filme zu produzieren

Mitbewerber/Gegner: Filmproduzenten

Herausforderung: Unwichtiges zu identifizieren und zu streichen

Ein Team von zehn Mitarbeitern hat die Brüder über zwei Jahre begleitet, als Broadview Pictures einen Dokumentarfilm über Vitali und Wladimir Klitschko drehte. Sie waren im Haus ihrer Kindheit in der Ukraine und in Kasachstan, bei allen Boxkämpfen in dieser Zeit, waren in New York, Los Angeles und Kiew, haben die Trainer interviewt und die Brüder beim Schachspielen im Urlaub gefilmt. Erstmals äußerten sich in dem Film ihre Mutter und ihr Vater öffentlich. Die Filmemacher waren bei jeder wichtigen Pressekonferenz dabei und fingen Bilder ein von den letzten Stunden vor einem Kampf. Unendlich viel Material ist zusammengekommen, viereinhalb Monate haben die Cutter im Schneideraum verbracht und ganz am Ende stand ein Film, der vier Stunden lang war. Daraus einen Kinofilm von unter zwei Stunden zu machen, der eine bewegende und wahrhaftige Geschichte erzählt, das war aus Sicht der Filmemacher eigentlich die Kunst.

»Die Voraussetzung für eine gute Geschichte ist die vorherige gewissenhafte Recherche« sagt Leopold Hoesch. »Die Kunst, eine wahre Geschichte spannend zu erzählen, ist die Kunst des Weglassens.« Welche Personen und welcher Plot haben Potenzial? Welche Handlungsstränge sind stark genug, um einen packenden Film daraus zu formen? Welche Botschaften können sie transportieren? »Kill your darlings«, nennt der Produzent den schwierigen Schritt, sich von seinen Lieblingsszenen zu trennen.

Der Klitschko-Film ist ein sogenannter »Coming of Age«-Film geworden, 110 Minuten lang. Er erzählt, wie Vitali und Wladimir erwachsen werden und sich kontinuierlich anspornen. Er zeigt, wie diese Ikonen und Helden der Massen sich zusammen freuen, wie sie bei Niederlagen gemeinsam leiden und wie sie den Boxsport als promovierte Sportwissenschaftler und aufrechte, faire Typen verändert haben. Jenseits des Boxsports zeigt der Film zugleich, was es heißt, im Wettbewerb zu stehen und dennoch füreinander einzustehen, sich aufeinander zu verlassen. Was Brüder füreinander sein können. Und was es heißt nicht rauszufinden, wer der Stärkere ist. *Klitschko* ist ein Film, den man mit seinem Bruder schauen sollte.

Klitschko wurde in New York für den weltweit begehrten Filmpreis »Sport Emmy« nominiert und mit dem renommierten »Romy Award« in Wien ausgezeichnet. Der Film ist in fast jedem Land der Erde ausgestrahlt worden. Nie zuvor hat der US-amerikanische Pay-TV-Sender HBO einen Film in deutscher und russischer Sprache mit englischen Untertiteln ausgestrahlt.

Dass Vitali und Wladimir Klitschko das Potenzial haben, einen Kinofilm auszufüllen, ist angesichts ihrer Bekanntheit naheliegend. Welche Themen und Schwerpunkte dann jedoch der beste Stoff für eine Dokumentation sein würden, musste sich erst bei der Recherche und den Filmarbeiten herauskristallisieren, sagt Hoesch.

Es war von vorneherein klar, dass der Streifen ein Dokumentarfilm werden sollte. Darauf ist Hoesch spezialisiert, alle seine Produktionen gehören in diese Kategorie. Doch auch Dokumentarfilme folgen Genrekriterien. Soll es ein Krimi oder ein Drama werden? Ein Roadmovie oder ein Abenteuerfilm? Auch beim Klitschko-Film wären theoretisch mehrere Arten möglich gewesen, sagt Hoesch. Ein Actionfilm – angesichts des Boxumfeldes. Oder ein Katastrophenfilm, angesichts der Erlebnisse der Familie beim Tschernobyl-Unglück 1986, die am Rande erwähnt werden. Hoesch sah das größte Potenzial in der Brüdergeschichte und dem gemeinsamen Erwachsenwerden der beiden stärksten Männer der Welt.

Mit dem Beginn der Planung beginnt stets die Herausforderung: Wie gelingt es den Filmemachern, die Menschen mit ihrem Stoff zu bewegen? Was muss gezeigt, was sollte weggelassen werden? Schon in der Vorproduktion steht die Frage im Raum, bei den eigentlichen Dreharbeiten und bei der Postproduktion, dem Schnitt. »Alles, was gezeigt wird, muss eine Bedeutung haben«, sagt Hoesch.

Im Laufe der Recherche sahen Regisseur und Produzent zwei starke Handlungsstränge: Die sportlichen Niederlagen Wladimir Klitschkos in den Jahren 2003 und 2004 und die »Rückeroberung« seines verlorenen Weltmeistergürtels durch Vitali einerseits. Und den Streit, der in dieser Zeit zwischen beiden herrschte, andererseits. Die Macher entschieden sich für den Streit, sodass fortan klar war: Der Film wird eine Brüdergeschichte.

Viele Fragen klärten sich dann von selbst: Sollten beispielsweise die Kinder von Vitali thematisiert werden? Nein, denn sie hatten für die Story zum damaligen Zeitpunkt keine Bedeutung. Warum kamen hingegen die Eltern zu Wort? Weil es hilft, die Söhne zu verstehen. Wenn die Mutter erzählt, dass sie bislang keinen der Kämpfe ihrer Söhne angesehen hat, weil sie stets außer sich vor Sorge ist und auf den erlösenden Telefonanruf nach dem Kampf hinfiebert, um zu hören, ob es ihren Jungs gut geht, zeigt es, welche emotionale Grundstimmung in der Familie herrscht.

Ein anderes Beispiel aus dem Hause Broadview TV ist der Film über Angela Merkel, der Ende 2016 im Ersten Deutschen Fernsehen und auf Arte gezeigt wurde, als die Kanzlerin ihre erneute Kandidatur bekanntgab. Das Potenzial einer Dokumentation über die mächtigste Frau im Land zu einem solchen Zeitpunkt ist groß. Doch wie erzählt man eine Geschichte über die Frau, die ständig in der Öffentlichkeit ist und über die so viel geschrieben und berichtet wird?

Die *Cinderella-Story* war der erste Arbeitstitel für den Film. »Wir wollten zeigen, wie ein junges Mädchen aus Brandenburg, die keiner auf dem Zettel hatte, an die Macht gelangt war«, erzählt der Produzent. »Doch bei der Entstehung stellten wir fest: Die These ist nicht haltbar. Sie war keine Cinderella, eher ein Machiavelli.« Die nächste Idee hatte den Titel *Merkiavelli* – in Anlehnung an *Der Fürst* von Niccolò Machiavelli. Dieses ikonische Werk steht für die Theorie, nach der das Erlangen und Erhalten politischer Macht jedes Mittel unabhängig von Recht und Moral erlaubt. »Doch auch mit dieser These wurden wir Angela Merkel nicht gerecht«, sagt Hoesch. Das Ergebnis hieß schließlich *Angela Merkel. Die Unerwartete*. Hinter diesem Titel verbarg sich nach seiner Meinung und der des Regisseurs das größte Potenzial: Eine Frau aus protestantischem Elternhaus mit humanistischen Ansichten; eine Wissenschaftlerin, die sich auf Daten verlässt, nicht auf Emotionen; die es von unten nach ganz oben schafft, ohne dass sie sich hat manipulieren lassen.

Inzwischen hat Leopold Hoesch mehr als 150 Filme produziert. Bei den meisten ist es ihm gelungen, ein Werk zu schaffen, das seine Bilder sprechen lässt. Hin und wieder sogar ohne viele Worte. Die Erfahrung hilft ihm, gute Geschichten zu erkennen und zu erzählen, *ihr Potenzial zu identifizieren und nutzbar zu machen.*

Zugleich ist es jedes Mal aufs Neue wieder eine Herausforderung, wirklich die beste Story herauszuschälen und entstehen zu lassen. »Jeder Film ist anders«, sagt Leopold Hoesch. »Nur wenn wir bereit sind, strukturierte Prozesse bei der Produktion mit Flexibilität zu kombinieren, können wir bestmögliche Ergebnisse erzielen: handgemachte Einzelstücke, die das Potenzial haben, Massen auf eine andere Art zu begeistern.« Fans würden ergänzen, was Hoesch nicht sagt: Er hat einen Blick für packende Stories. Es sind die wahren Geschichten von beeindruckenden Menschen, das ist der Stoff, der seine Filme aus dem Dickicht der unzähligen Dokumentationen, die jährlich entstehen, herausholt.

Potenzial identifizieren und nutzbar machen

Fünf Schritte, um zur Geschichte mit dem besten Potenzial zu gelangen

1. Relevanz: Welche Story wollen Sie erzählen? Welche Botschaft möchten Sie transportieren, welche hat das Zeug zu emotionalisieren? Achten Sie darauf, dass Ihre Geschichte für Ihre Zuhörer relevant ist.

2. Starke Typen: Sie brauchen Protagonisten, die man mag, selbst wenn sie eigentlich Monster sind. Wichtig: Seien Sie fair, aber schonen Sie die Protagonisten nicht. Sie machen Ihre Story nicht für sie, sondern für das Publikum.

3. Hintergrund: Sie können nicht nicht kommunizieren. Unwichtige Details, die die Story nicht weiterbringen (sogenannte »non-events«) oder, noch schlimmer, nicht zur Story passen, stören den Zuschauer bewusst oder unbewusst. Daher sollte alles, was Sie in Ihrer Geschichte erwähnen, eine Funktion für die Geschichte haben.

4. Dramaturgie: Jede gute Geschichte hat eine Dramaturgie. Ein viel versprechender Aufbau ist Einleitung und Einführung des Protagonisten mit Hinführung zur eigentlichen Problemstellung. Nachdem klar ist, wo das Problem liegt (»inciting incident«), führen Sie die Hauptfigur durch die Schwierigkeiten des Lebens. Fast am Ende des Films kommt der Climax. Im Climax, der das »inciting incident« spiegelt, findet der Protagonist auf dramatische Weise Lösung und Untergang. Idealerweise halten Sie sich an die Genrekriterien des Genres, das Sie in der Einleitung etabliert haben.

5. Kunst des Weglassens: Die Arbeit ist nicht fertig, wenn Sie alles zusammengetragen haben. Fangen Sie jetzt an, sich vom Ballast zu trennen. Streichen Sie, was von Ihrer Kernbotschaft ablenkt. Seien Sie mutig – »kill your darlings«.

Höchstleistung

Mathias Ulmann, selbstständiger Politik- und Kommunikationsberater, zuvor Group Creative Digital Strategist bei DDB Deutschland, Autor des Buches *Spin it! Denken und überzeugen wie ein Spin-Doktor*

- Ausbildung: Institut d'Études Politiques de Paris (sogenannte Grande École) mit Schwerpunkt Politik- und Kommunikationswissenschaften

»Herausforderungen sind Tests, die das Schicksal uns schickt, damit wir uns entwickeln und über uns hinauswachsen können. Um eine Herausforderung zu bewältigen, brauche ich immer andere Menschen. Sie helfen mir, alle Sichtweisen und Ebenen zu begreifen.«

Meilensteine

Fullsix Frankreich: Bei der Marketingagentur hatte ich als »Associate Creative Director« meine erste Führungsaufgabe inne. Die Agentur hatte sich Digitalthemen auf die Fahnen geschrieben und wuchs, während sich die Werbewelt gerade radikal änderte.

DDB Deutschland: Meine erste berufliche Station in Deutschland. Ich war »Group Creative Digital Strategist« in der Agentur und kümmerte mich um die Vertiefung digitalen Denkens an allen Standorten. Zudem unterstützte ich den CEO des Unternehmens bei der Zusammenführung zweier Tochtergesellschaften in eine Gruppe.

Parti Socialiste (PS) Frankreich: Nach Stationen in der Werbewelt kehrte ich zurück zu meinen politischen Wurzeln. Ich arbeitete als Redenschreiber und Berater des Vorsitzenden der Partei. Es war eine intensive Zeit, weil es bedeutete, dass ich einen Spitzenpolitiker während der Präsidentschaft von François Holland begleitete und unterstützte. Die Phase war geprägt von wirtschaftlichen Schwierigkeiten und Sicherheitsproblemen des Landes.

Für einen Spitzensportler ist diese Fähigkeit essenziell: Wer im Training topfit ist, die Leistung im Wettkampf jedoch nicht abrufen kann, wird niemals erfolgreich sein. Auch für Unternehmen und Führungskräfte wird diese Fähigkeit zunehmend wichtiger.

Wladimir Klitschkos Überzeugung:
In Zeiten, in denen das Geschäft aufgrund von Digitalisierung und Globalisierung immer schneller und unübersichtlicher wird, müssen auch Manager ihr Wissen und ihre Erfahrungen sehr kurzfristig auf den Punkt abrufen können.

»Unsere Reaktion entscheidet über den Verlauf einer Krise«

Projekt: Kommunikation für einen Spitzenpolitiker: Aus einer Informationsfülle wahre und relevante Angaben herausfiltern und innerhalb kurzer Zeit an die Öffentlichkeit bringen

Mitbewerber/Gegner: Gegnerische Politiker, Medien, Terroristen

Herausforderung: Die Deutungshoheit für sich zu gewinnen

Es war 9 Uhr morgens, als am 7. Januar 2015 zwei maskierte Al-Qaida-Sympathisanten die Redaktion der Satirezeitschrift *Charlie Hebdo* in Paris attackierten. Zwölf Menschen kamen bei dem Attentat ums Leben, weitere wurden verletzt. Keine vier Stunden später hatten die Kommunikationsberater der führenden Politiker bereits entschieden, wie sie mit einer großangelegten Aktion auf diesen ungeheuerlichen Anschlag reagieren wollten: Sie initiierten, dass sich Menschen in ganz Frankreich versammelten, um friedlich gegen den islamischen Terror und für den Zusammenhalt Frankreichs zu demonstrieren. Rund vier Millionen gingen vier Tage später in verschiedenen Städten des Landes zu Gedenkmärschen auf die Straße, darunter ausländische Politiker wie Angela Merkel, der damalige britische Premier David Cameron oder der israelische Ministerpräsident Benjamin Netanjahu.

Mathias Ulmann arbeitete damals direkt für den Parteivorsitzenden der Parti Socialiste, Jean-Christophe Cambadélis, schrieb seine Reden, verfasste Bücher, formulierte Statements und organisierte die Kommunikation im Hintergrund. Dazu gehörte es auch, die Machtbeziehungen in dem System richtig einzuschätzen und für seine Ziele zu mobilisieren. Das Attentat auf die Satirezeitschrift war der erste, allerdings nicht der einzige Anschlag während seiner Zeit in der französischen Politik, aber es war ein einschneidendes Erlebnis. »Mit jeder Katastrophe lerne ich dazu«, sagt er. Was abgeklärt klingt, ist Grundvoraussetzung für den Job des gebürtigen Franzosen: Als Spin-Doktor braucht er Erfahrung in der Politik sowie in der Kommunikation. Und er muss in der Lage sein, Emotionen auszublenden und sich unter größtem Druck einen Überblick zu verschaffen. Nur dann schafft er es, seine »eingefrorene Erfahrung« blitzschnell abzurufen, wie er es nennt; *Höchstleistung explosiv abzurufen*, um die besten Antworten zu finden.

Kommunikationsberater wie er müssen die Ruhe bewahren, selbst wenn die größten Katastrophen passieren. Und Frankreich erlebte 2015 eine Reihe von Katastrophen, eine regelrechte Anschlagsserie. Ein weiterer trauriger Höhepunkt war das Massaker in Bars, Restaurants und der Konzerthalle Bataclan in Paris, bei dem 130 Menschen ums Leben kamen. Im Sommer 2016 wurden am Nationalfeiertag in Nizza 80 Menschen getötet, als ein Attentäter einen Lkw durch eine feiernde Menschenmenge lenkte.

»Die Art, wie man reagiert, entscheidet, wie sich die Krise entwickelt«, sagt Ulmann. Er weiß, welche Macht Worte und Visionen haben und erlebt Tag für Tag, dass die Art und Weise, wie Menschen die Realität betrachten, ein Schlüssel zum Erfolg sein kann. Er ist stolz darauf, dass die französische Politik nach dem ersten großen Anschlag auf die Satire-Redaktion so besonnen reagiert hat und mit den Trauermärschen eine angemessene Antwort fand. Dabei ist das alles andere als einfach: Ulmanns Job ist es, seinem Auftraggeber in solch brisanten Situationen Freiraum zu verschaffen und Zeit zu erkaufen.

Der Beginn einer solchen Krisenkommunikation ist stets eine Alarm-SMS, die er erhält. Das Innen- oder Justizministerium übernimmt im Katastrophenfall die tägliche Kommunikation. Im Hintergrund arbeiten Dutzende von Beratern und Sprechern. Damit dies auch unter Zeitdruck reibungslos funktioniert, ist klar festgelegt: Wer spricht in welcher Reihenfolge mit wem? Wer darf Entscheidungen fällen, wer sie kommunizieren?

Dutzende von Mitarbeitern filtern nach einem Anschlag wie auf *Charlie Hebdo* die Informationen. Alleine das ist eine Herausforderung, denn nicht alle Angaben, die im Umlauf sind, stimmen. Möglich auch, dass die Krise noch akut anhält. Im Fall des Anschlags auf die Redaktion dauerte es fast zwei Tage, bis die Attentäter gefasst wurden. So lange zu warten, um die Öffentlichkeit zu informieren, ist freilich keine Option. In einem solchen Fall kommt wieder »eingefrorene Erfahrung« ins Spiel, sagt Ulmann. Im Krisenfall sind sehr viele Entscheidungen sehr schnell zu treffen. Der Präsident, der Premier oder Ministerinnen und Minister werden nur mit den wichtigsten Fragen konfrontiert, der Rest im Hintergrund entschieden. Dazu ist der Austausch unter erfahrenen Kollegen wichtig, genauso wie eigenes Abstraktionsvermögen.

Ist klar, wie die Faktenlage aussieht, ist es an Experten wie Ulmann, die richtigen Worte zu finden. Im Stundentakt entwickelt er sogenannte Sound Bites. Zwei Aufgaben sollen seine Statements übernehmen: Informieren und Ruhe in die aufgewühlte Stimmung bringen. »Ein Präsident muss angesichts solcher schrecklichen Vorfälle Sicherheit vermitteln. Es ist nicht seine Aufgabe, emotional zu sein.« Ergreift nicht der Präsident selbst das Wort, gibt es sechs weitere Politiker, die sprechen dürfen. Sonst niemand.

Über die gewohnten Wege werden Informationen an die Öffentlichkeit sowie Verwaltungen und Politik gegeben. Nach vorgegebener Reihenfolge informieren die Kommunikatoren die Parteizentrale, aktive Parteimitglieder und andere interne Kreise, bevor die Informationen an die Presseagenturen des Landes gehen, die externen und internen Medien sowie die Social-Media-Teams. Das alles geschieht binnen weniger Minuten.

Selbstredend ist die Kommunikation keine Einbahnstraße. Medien fragen an, Blogger kommentieren und auch die Opposition meldet sich zu Wort. Je häufiger solche Katastrophen passieren, desto dreister werden auch Politiker anderer Parteien, hat der Spin-Doktor festgestellt: Im Falle von *Charlie Hebdo* hielten sie sich zehn Tage mit Kritik am Umgang mit der Krise zurück, nach dem Attentat auf Bataclan waren es nur noch drei Tage und im Falle von Nizza kamen umgehend kritische Kommentare.

Zusätzlich zu den alten Gegnern kommen neue hinzu, sagt Ulmann. Auch Terroristen haben inzwischen eine professionelle Kommunikation, darauf müsse sich die Politik noch besser einstellen. Einen entscheidenden Unterschied gebe es allerdings: »Wir sind permanent auf der Hut. Wir haben die Strukturen, um uns in kürzester Zeit in einen Krisenmodus zu versetzen.«

Was den Beruf von Mathias Ulmann so herausfordernd und in seinen Augen spannend macht, ist die Tatsache, dass Krise die Muttersprache der Politik ist. Die Vielzahl an Ereignissen in hohem Tempo verdeutlicht dies. In nur drei Monaten ist zwischen Ende 2016 und Anfang 2017 Folgendes passiert: Donald Trump wurde als US-Präsident vereidigt. François Hollande war nicht in der Lage, selbst nochmal zu kandidieren. Der ehemalige Staatspräsident Nicolas Sarkozy hat seine Vorwahl verloren. Es gab zwei Regierungsumbildungen sowie weitere Anschläge und Anschlagsversuche. Das alles sind Situationen, in denen ein Auftraggeber Reaktionsvermögen, Selbstkontrolle, Einfallsreichtum, Team- und Schlagfertigkeit, aber vor allem den richtigen Dreh von Spin-Doktoren braucht.

Und diese wissen: In der heutigen Medienwelt gibt es keine Kontrolle in der Kommunikation. Selbst das beste Drehbuch oder das so beliebte Storytelling ist nutzlos. »Auf unserer digitalisierten und schnelllebigen Bühne kann keine noch so detaillierte und durchgetaktete Erzählung die erste Minute des digitalen Vorlesens überleben. Darauf müssen wir uns einstellen.«

Höchstleistung explosiv abrufen

Arbeiten wie ein Spin-Doktor

1. Wo bin ich? Erkennen Sie Ihre genaue Position in dem impliziten Organigramm der Macht und respektieren Sie sie. Es ist wichtig zu wissen, wer oben sitzt und wer unten, damit Sie mit unterschiedlichen Befindlichkeiten umgehen und zielgerichtet handeln können. Nehmen Sie sich vor Menschen in Acht, die betonen, keine politischen Machtspiele spielen zu wollen. Genau die sind es, die geschickt und versteckt ihre mikropolitischen Taktiken verfolgen.

2. Erst der Clan, dann der Plan: Sie brauchen ein treues und verlässliches Kernteam. Immer zuerst intern kommunizieren und dann Schritt für Schritt nach außen. Es bringt Ihnen nichts, die besten Ideen zu entwickeln, wenn Ihnen die Verbündeten fehlen, um Ihnen Rückendeckung zu geben.

3. »Zooming in, zooming out«: In die Breite denken und in seine gegebenen Themen hineinzoomen. Die Balance zwischen Breite und Tiefe permanent herstellen. In einer Krisenlage schmeiße ich all mein Wissen in eine Waagschale und streiche davon Unwichtiges komplett aus meinen Gedanken, um explosiv arbeiten zu können.

4. »Nicht jetzt«: Debriefing machen Sie nicht auf dem Schlachtfeld. Erst nach der Schlacht haben Sie die Zeit dazu. Fehler machen Sie so oder so. Trotzdem, immer weiter, immer nach vorn. Das Team ist nicht da, um perfekt zu sein, sondern um die Lage und die Aussicht permanent zu verbessern.

5. Nach der Krise ist vor der Krise: Zapfen Sie das Wissen und die Erfahrung von Veteranen Ihrer Branche an. Von ihnen können Sie all das lernen, was aktive Spin-Doktoren nicht bereit sind zu erzählen. Lesen Sie, so viel Sie können, und vergessen Sie nie die Sozialwissenschaft. Sie werden die nächste Krise durch Ihr präzises und »eingefrorenes«, also abrufbares Wissen sowie durch Ihr »kulturelles Charisma« überstehen.

Weg 11

Organisationsstrukturen

Astrid Schulte, Geschäftsführende Gesellschafterin bellybutton International GmbH, Marketingleitung bei Kanz Financial Holding (KFH) sowie Vorstandsmitglied bei Kids Brands House N.V.; zuvor unter anderem Marketing-Geschäftsführerin bei Cartier Nordeuropa sowie Geschäftsführerin bei Loyalty Partner GmbH (payback)

- Ausbildung: Europäisches Studienprogramm für Betriebswirtschaft (ESB) in Reutlingen/Reims

»Herausforderung bedeutet für mich, stetig selbst zu wachsen, die Menschen in meinem Umfeld in ihrem Wachstum zu unterstützen und dabei stets ich selbst und mir treu zu sein.«

Meilensteine

Kraft Foods Group: Diese Station war mein erster Job nach dem Studium. Als Brand Manager lernte ich strukturiertes Denken und das Analysieren von Zahlen. Zugleich musste ich feststellen: In Konzernen wird viel Zeit für »Politik« verwendet.

Roland Berger Strategy Consultants: »Alles geht«, das lernte ich als Unternehmensberaterin. Wenig schlafen, in kurzer Zeit viel lernen, alle Herausforderungen lösen können. Diese Erkenntnis hat mir Freiheit gegeben und Angst genommen.

Loyalty Partner (»payback«): »Groß« zu denken macht tatsächlich auch groß! Ich war als Geschäftsführerin für Marketing und Vertrieb zur Akquise in allen Vorstandsetagen deutscher Großunternehmen. Ich habe gesehen, wie man ein Unternehmen aufbaut: mit Hingabe, klarer Strategie und dem unbeirrbaren Glauben, dass man es schaffen kann.

In einem kleinen Team ist es manchmal schwierig, klare Strukturen einzuführen und Zuständigkeiten zu klären, weil die Personaldecke dünn ist. Genauso ist es eine Herausforderung für große Unternehmen, durch klar verteilte Zuständigkeiten und Hierarchien nicht die Eigenverantwortung von Mitarbeitern abzuwürgen.

Wladimir Klitschkos Überzeugung:
Deshalb ist es wichtig, Strukturen zu schaffen, die das Unternehmen zu einer handlungsfähigen Organisation machen. Jeder Einzelne sollte Raum bekommen, um Engagement und Eigenverantwortung zu entwickeln, ohne dass Team- und Selbstverantwortungsgedanke in den Hintergrund rücken.

»Flexibilität ist ein wichtiges Strukturelement«

Projekt: Aufbau von bellybutton, Verkauf an einen strategischen Investor, Integration von Marke und Unternehmen

Mitbewerber/Gegner: Baby- und Kinderkleidungsanbieter

Herausforderung: Aus dem Nichts eine Marke mit einer klaren Lebenswelt nach innen und außen aufzubauen. Später Synergien aus dem Zusammenschluss mit einem strategischen Investor zu ziehen und dabei die Kultur der Einheiten bewahren

Als Astrid Schulte Anfang 2014 die Mehrheit von bellybutton an einen strategischen Investor verkaufte, sollte bei dem Hamburger Anbieter von

Umstands-, Kinder- und Babymode wenig so bleiben, wie es mal war. Die Kids Fashion Group ist eine Holding mit 16 Kindermodemarken, in die sich bellybutton nun einreihte. Statt einem Außendienstmitarbeiter vertreiben seitdem 40 Vertreter die Marke bellybutton, statt in einem Showroom wird die Marke in acht präsentiert. Umgedreht musste die Stammmannschaft Federn lassen. Statt knapp 40 Mitarbeiterinnen und Mitarbeitern beschäftigt bellybutton heute noch 20 direkt. Vieles wird über die Shared Service Center der Holding abgedeckt.

Doch genau das war das Ziel von Astrid Schulte: bellybutton sollte wachsen und dafür brauchte sie einen starken Partner. Nun war es an ihr, *die passenden Organisationsstrukturen zu schaffen,* ohne dass dabei die Unternehmenskultur litt.

»Strukturen bilden immer auch eine Kultur und ein Menschenbild ab«, ist Astrid Schulte überzeugt. Bei bellybutton war es ihr gelungen, einen Kult und damit eine ganz besondere Kultur zu schaffen. Die Firma wollte nicht nur Produkte verkaufen, sondern eine Lebens- und Glaubenswelt schaffen. Vier Frauen hatten 1997 bellybutton gegründet, weil sie unzufrieden mit dem Produktangebot für Schwangere waren. Die vier Freundinnen, darunter die Schauspielerin Ursula Karven und das Ex-Model Dana Schweiger, starteten mit Kosmetik und weiteten später ihr Angebot auf zeitgemäße Umstandsmode sowie auf moderne Baby- und Kinderbekleidung aus. Astrid Schulte stieß 2001 als Geschäftsführende Gesellschafterin dazu und war mit ihrem Marketing- und Vertriebshintergrund nicht nur fachlich eine gute Ergänzung. Sie war in den ersten Jahren in der Firma »fast durchweg schwanger«, wie die Mutter dreier Kinder schmunzelnd sagt, und damit ein gutes »Role Model« für die eigene Marke.

Der Zielgruppe gefiel, dass bellybutton das Schwangersein neu interpretierte, und diese Sympathie spiegelte sich auch in der Belegschaft wider. »Ich habe Leute gesucht, die ähnlich tickten wie wir Gesellschafterinnen«, sagt Schulte. Die Interesse am Thema mitbrachten sowie »Commitment«, also Engagement und Begeisterungsfähigkeit. Die Unternehmenskultur ist seit jeher gekennzeichnet durch große Offenheit, viel Hingabe für den Unternehmenserfolg und der Überzeugung, dass eine Balance im Leben alle glücklicher und besser macht, sagt die Geschäftsführerin. Die Mitarbeiter, die zu bellybutton kamen, haben insbesondere die Vereinbarkeit von Beruf und Familie geschätzt. bellybutton hat zu jeder Zeit viele Mütter beschäftigt.

Diese Flexibilität prägte das Start-up in jeglicher Hinsicht und bestimmte die Zusammenarbeit. Getragen wurde die Firma von einem Wertekonsens. Eine Struktur, erinnert Astrid Schulte sich, gab es anfangs nicht explizit. Zwar wurde jede Mitarbeiterin für ein bestimmtes Aufgabengebiet eingestellt, trotzdem mussten alle bereit sein, auch in anderen Bereichen mitzuarbeiten.

An einem Punkt hatte die Buchhaltung beispielsweise IT-Probleme. Daraufhin packten alle Mitarbeiterinnen mit an, schrieben Rechnung und Mahnungen und halfen aus, wo sie gebraucht wurden. Genauso war es üblich, Projekte über konkrete Zuständigkeiten hinaus zu verantworten und zu treiben. Dass die Belegschaft zufrieden mit dieser Art von Arbeitsorganisation war, zeigt eine äußerst geringe Fluktuation. Sie lag in den ersten zehn Jahren unter 5 Prozent per anno.

Das Warum war allen klar, erzählt Schulte. »Wir wollten, dass bellybutton immer erfolgreicher wird und immer mehr Frauen das Lebensgefühl der Marke teilen können.« Nämlich, dass das Leben mit Kindern Erfüllung gibt. Dass jede Frau mit Stärke und Selbstbewusstsein ihre eigene Rolle in der neuen Lebenssituation als Mutter findet. Und dass Mütter nicht perfekt sein müssen.

2012 war es für Schulte an der Zeit, das Wachstum weiter zu forcieren. Rund 10 Millionen Euro Umsatz machte die Firma damals. Die Geschäftsführerin ging zwei Monate auf Akquisetour und kam mit zwölf Großkundenverträgen zurück nach Hamburg. Eigentlich war sie zufrieden, sie hatte die großen Player für Kindertextilien als Vertriebspartner gewonnen. Dennoch war dieser Schritt eine regelrechte Zäsur für ihre Firma. bellybutton musste *neue Strukturen aufbauen*. Bis dahin gehörten ausschließlich Fachgeschäfte und Boutiquen zu den Kunden, jetzt mussten sie große Kauf- und Warenhäuser bedienen können. Deshalb waren Investitionen fällig. Die Firma schaffte ein Warenwirtschaftssystem an, das den Kaufhäusern per Mausklick zeigte, welche Produkte verfügbar waren. Alleine die EDV-Standleitung dafür kostete einen sechsstelligen Betrag. Zugleich kam das neue Thema »Visual Merchandising« auf bellybutton zu: Nicht die Großkunden fühlten sich dafür verantwortlich, dass die Verkaufsfläche mit der Ware aus Hamburg in Schuss gehalten wurde, bellybutton selbst musste sich darum kümmern. Das führte so weit, dass wechselnde Mitarbeiterinnen aus der Buchhaltung oder dem Einkauf wochenweise die Kaufhäuser abklapperten und die Flächen vor Ort betreuten.

»Auf Dauer war das keine Lösung«, sagt Schulte. »Wir brauchten mehr Manpower sowie mehr finanziellen Spielraum.« Schließlich machte sie sich auf die Suche nach einem Investor und wurde sich mit der Kids Fashion Group (KFG) aus dem baden-württembergischen Pliezhausen einig. Zu dem Unternehmen gehören Kindermodemarken wie Kanz, Königsmühle, Marc O'Polo Junior sowie Steiff Collection, es war perfekt darauf vorbereitet, große Vertriebspartner zu bewirtschaften. Und mehr noch als das: KFH hatte eigene Produktionsstätten etwa in der Türkei, sodass bellybutton seine Produkte sehr schnell zu deutlich günstigeren Preisen anbieten konnte. Während die Einkaufs- und Vertriebsabteilung komplett nach Pliezhausen wanderte, betreuen Schulte und ihre Mitarbeiter seitdem das Lizenzgeschäft, das Marketing und das Online-Geschäft für alle KFH-Marken.

Flexibilität habe bellybutton sich als Strukturelement bewahrt, sagt Schulte. Eine gewisse »Wir fuchsen uns in das Thema rein«-Mentalität findet sie wichtig. Weil eine Organisation, egal wie gut sie strukturiert ist, in der Lage sein muss, schnell zu denken, Wissen abzurufen und zu reagieren. Astrid Schulte hat als Vorstandsmitglied der Aktiengesellschaft Kids Brands House übrigens nicht nur Verantwortung hinzugewonnen, sie hat auch welche abgegeben. Mit ihr sitzen jetzt zwei KFG-Manager in der bellybutton-Geschäftsführung.

Wichtig war der Unternehmerin, dass es eine Win-Win-Situation ergab: »Wir profitieren vom Know-how der Gruppe, sie von der Kultur bellybuttons.«

Organisationsstrukturen schaffen

Fünf Schritte zu einer effektiven, beweglichen Organisation

1. Frage des Warum beantworten: Wichtiger als das »Was und wie tut eine Firma etwas« ist die Frage nach der übergeordneten Idee. Formulieren Sie zuerst eine Mission, sie gibt allen im Team einen Leitfaden des Handelns und das Bewusstsein, Teil von etwas Größerem zu sein. Entscheidungen werden besser und effektiver getroffen, weil die gemeinsame Mission allen Klarheit gibt.

2. Selbstorganisation statt Dominanz: Nicht mehr die Führungskräfte geben Arbeitsaufträge oder formulieren Ziele, viel eher sind wechselnde Teammitglieder aufgefordert, die Leitung von Projekten zu übernehmen. Die Aufgabe einer klassischen Führungskraft wandelt sich und orientiert sich am Befähigen (enabling) und Stärken (empowerment) der Mitarbeiter. War Ihre Organisation bislang als Pyramide aufgebaut, beginnen Sie in kleinen Schritten, Ihre Belegschaft an die agile Arbeitsweise heranzuführen. Am besten beginnen Sie in der Abteilung, in der Sie Offenheit für Veränderungen spüren.

3. Gemeinsame Werte in eine Unternehmenskultur gießen: Ein Wertekonsens ist die Basis der Zusammenarbeit sowie die Treiber des Geschäfts. Erarbeiten Sie, was Ihr Unternehmen ausmacht. Engagement und Feedback könnten zu den Werten gehören, genauso wie Mut, Offenheit und Toleranz. Heterogene Kulturen, in denen jeder sein kann, wie er ist, bringen die besten Ergebnisse hervor. Weil Mitarbeiter dann authentisch sein können und sich nicht verstellen müssen. Leben einzelne Teammitglieder diese Werte nicht, ist es an den Kollegen, es zu thematisieren.

4. Arbeitsmethoden: Effektivität vor Perfektionismus! Bei agilen Arbeitsmethoden werden Entwürfe schon in einem frühen Stadium zur Diskussion gestellt. Es geht nicht mehr um geniale Ideen Einzelner, sondern darum, möglichst viel Input einzubeziehen. Feedback ist essenziell, Visua-

lisierungstechniken gewinnen an Bedeutung. Langjährige Planungszyklen haben hingegen ausgedient. Etablieren Sie eine offene Diskussions- und Feedback-Kultur.

5. Direkte und schnelle Kommunikation: Schnelle Kommunikation ohne organisatorische Barrieren ist unumgänglich für eine effektive Organisation. Die Ziele, Maßnahmen und die Rolle des Einzelnen müssen klar sein und regelmäßig justiert werden. Führen Sie zum Beispiel »Daily Standup Meetings« ein: morgendliche Kurzbesprechungen, die im Stehen abgehalten werden. Jeder Einzelne informiert über den Stand seines Projekts, Fragen werden diskutiert, neue Arbeitspakete verteilt. Nicht länger als 15 Minuten.

Stärken und Schwächen

Torsten Bittlingmaier, Personalexperte, Gründer von TalentManagers

- zuletzt Geschäftsführer der Haufe Akademie, davor Leiter des konzern-
weiten Talentmanagements bei der Deutschen Telekom AG
- Ausbildung: BWL-Studium an der Berufsakademie Mannheim

»Herausforderungen sind Aufgaben, die ich nicht aus dem Stand lösen
kann. Sie holen mich aus der Komfortzone heraus und sind meist unbe-
quem. Wenn ich sie jedoch meistere, entwickele ich mich weiter. Am Ende
habe ich immer ein Lächeln auf den Lippen.«

Meilensteine

ABB Mannheim: Personalwesen hatte ich in meinem Studium langweilig
gefunden. Ich spezialisierte mich auf IT- und Organisationsthemen und
bekam bei ABB die Gelegenheit, Personalarbeit doch noch von der Pike
auf zu lernen. Ich stellte fest: Es war genau das Richtige für mich.

MAN Nutzfahrzeuge: Ich bekam meine erste große Führungsaufgabe. Als
Leiter der Personal- und Organisationsentwicklung durfte ich in einem
Unternehmen, das aus einer Krise kam und langsam begann, wieder
sehr erfolgreich zu werden, alle Themen wie auf einer grünen Wiese neu
denken. Das war spannend und herausfordernd zugleich. Denn ich war
zu diesem Zeitpunkt die einzige Führungskraft des Personalbereichs ohne

juristische Ausbildung. Das gesamte HR-Team im Konzern war sehr administrativ und juristisch geprägt. Deshalb hatte ich auf mehreren Ebenen Überzeugungsarbeit zu leisten.

Deutsche Telekom: Was für ein Unternehmen: ein Riesentanker mit 250 000 Mitarbeitern. In solchen Größenordnungen hatte ich vorher noch nicht gearbeitet. Ich leitete das Talentmanagement und fand es sehr herausfordernd, etwas anzustoßen, das auch Wirkung zeigte.

Es war eine gute Schule, weil die Arbeitsbedingungen einzigartig waren: Die Politik hat Einfluss auf das Geschäftsmodell, der Staat ist Anteilseigner, neben dem Tarif- gibt es das Beamtenrecht … Aus Sicht des Personalmanagers die größtmögliche Challenge.

Es gibt wohl wenige Berufsgruppen, die so sehr darauf geeicht sind, ihre Gegner zu analysieren, wie Sportler. Denn ohne die Einschätzung der Stärken und Schwächen ihres Gegenübers bräuchte kein Athlet zum Wettkampf anzutreten.

Wladimir Klitschkos Überzeugung:
Davon können auch Führungskräfte profitieren. Denn wer seine Mitbewerber kennt und um deren Pros und Contras weiß, ist deutlich besser gerüstet im Wettbewerb um dieselbe Klientel.

»Wenn ich um die Schwächen der anderen weiß, kann ich sie in meinem Sinne nutzen«

Geschäftsidee: Begleitung, Talentberatung und Vermittlung von Führungskräften und Spezialisten in ihrem Auftrag (»Reverse Headhunting«)

Mitbewerber/Gegner: Headhunter, Personalberater, Coaches, Anwälte

Herausforderung: Schwächen der Marktakteure nutzen, mit ihnen kooperieren und dabei die eigenen Stärken ausspielen

Wie kommen ein geeigneter Bewerber und eine zu besetzende Stelle zusammen? Meist schreiben Arbeitgeber ihre Vakanzen aus, sichten die Bewerbungen, laden verheißungsvolle Talente ein und entscheiden sich für den vermeintlich Besten. Oft werden sie dabei von Personalberatern unterstützt. Ist die Suche besonders schwierig oder delikat, schalten sie einen Headhunter ein, der in ihrem Auftrag Kandidaten sucht, vorstellt und empfiehlt. Seit Jahrzehnten gehen Unternehmen so vor.

Zuletzt ist die Suche nach Spezialisten und Führungskräften schwieriger geworden. Arbeitgeber können nicht mehr aus dem Vollen schöpfen. Sie tun sich schwer, genügend geeignete Bewerber – etwa aus dem Finanz- und IT-Bereich – zu finden. Während sie Jahrzehnte lang am längeren Hebel saßen und sich ihre Lieblingskandidaten aus einer Vielzahl von Interessenten aussuchen konnten, sind es heute die gut Ausgebildeten, die sich bei mehreren Jobangeboten für das attraktivste entscheiden können. Der Arbeitsmarkt wandelt sich: vom Arbeitgeber- zum Bewerbermarkt.

Diese Entwicklung hat Torsten Bittlingmaier als Personalmanager intensiv verfolgt. Mehr als zwanzig Jahre konnte er die Stärken und Schwächen der Akteure am Markt analysieren. Er hat gesehen, wie sich der gesamte Markt transformiert. Aber auch, wie Headhunter und Personalberater unter Druck geraten, weil Recruiting Manager von Unternehmen längst selbst das Internet nach Kandidaten durchforsten und diese in Eigenregie ansprechen. Business-Netzwerke wie LinkedIn oder Xing machen es ihnen einfach.

Wollte man schwarzmalen, könnte man behaupten, die Arbeit der Dienstleister wird mit den Jahren überflüssig. So weit sind die Entwicklungen noch lange nicht und werden es wohl auch nie sein, weil es immer Unternehmen gibt, die die Suche nicht alleine meistern; weil es schwer zu besetzende Positionen gibt, bei denen Firmen auf Hilfe angewiesen sind; oder weil manche Arbeitgeber schlicht einen zu hohen Bedarf haben und das Recruiting aus Kapazitätsgründen auslagern.

Dennoch lässt sich festhalten: Wenn sich der Arbeitsmarkt vom Arbeitgeber- zum Bewerbermarkt wandelt, ist es eine Schwäche im Geschäftsmodell der Personalberater und Headhunter, wenn sie weiter an den Unternehmen als alleinigen Auftraggebern festhalten.

Weil der (Umsatz-)Druck auf ihr Geschäft zunimmt, haben sie kaum noch Zeit, proaktiv Kandidaten kennenzulernen und ihrer Kartei hinzuzufügen. Stattdessen sind sie damit beschäftigt, möglichst effizient die Suchaufträge von Unternehmen abzuarbeiten.

Ihre Stärke inmitten dieser Transformation: ihre erstklassigen Kontakte zu den Unternehmen, zu den Personalabteilungen und Geschäftsführungen.

Torsten Bittlingmaier hat ein Unternehmen gegründet, das sich die Marktentwicklung, die Stärken und Schwächen der Marktakteure zunutze macht: Mit TalentManagers, seinem Ende 2015 gegründeten Start-up, spezialisiert er sich darauf, gut ausgebildete Kandidaten zu beraten, sie weiterzuentwickeln und an passende Arbeitgeber zu vermitteln. »Reverse Headhunting«, wenn man so will. So wie ein Profisportler oder ein Künstler seinen eigenen Manager hat, ist Bittlingmaier überzeugt, werden auch Topmanager und Spezialisten künftig einen Karrieremanager an ihrer Seite haben.

Die Dienstleistung von Talentmanagern: Sie erarbeiten mit den Kandidaten ihre Karriereziele, konkrete nächste Schritte, bringen sie mit potenziellen Arbeitgebern zusammen, platzieren sie, unterstützen bei der Vertragsverhandlung und helfen zugleich, wenn es um spätere Gehaltsgespräche oder Trennungsvorhaben geht. Oder sie sorgen einfach dafür, dass es einen Plan B gibt, auch wenn aktuell kein Veränderungsbedarf besteht. Langfristig könnte es sogar sein, sagt Bittlingmaier, dass Talentmanager die Vertragsverhandlungen mit der Personalabteilung im Auftrag ihres Klienten übernehmen.

Wie immer, wenn eine völlig neue Geschäftsidee geboren ist, braucht es Zeit, dass sie sich durchsetzt. Bittlingmaier hat jedoch schon kurz nach der Gründung alle Hände voll zu tun. Allein durch Mundpropaganda ist er ausgelastet. Künftig will er weitere Partner ins Boot holen, um TalentManagers zu erweitern.

Statt die Schwäche der Personalberater und Headhunter derart auszunutzen, dass er auf Konfrontationskurs zu der großen und professionell aufgestellten Branche geht, setzt Bittlingmaier auf ihre Stärke und kooperiert mit ihr. Während er sich als Sparringspartner der Kandidaten versteht, sind Personalberater und Headhunter Dienstleister für Arbeitgeber. Bittlingmaier braucht offene Stellen, in die er seine Kandidaten vermitteln kann. Sie wiederum brauchen Kandidaten, die sie ihren Auftraggebern vorschlagen können. Eine Win-Win-Situation.

Bislang ist diese Form der Kooperation zu einzelnen Headhuntern lose und auf Zuruf. Ist TalentManagers auf der Suche nach einer Herausforderung für einen seiner Kandidaten, ruft Bittlingmaier befreundete Personalberater an. Umgedreht melden sie sich bei ihm, wenn sie eine Vakanz besetzen wollen, für die sie noch keinen passenden Kandidaten gefunden haben.

Passen Kandidat und Vakanz zusammen, unterstützt Bittlingmaier seinen Kunden im weiteren Prozess: Welche Stärken hat er, die wie maßgeschneidert auf die Stelle passen? Welche Pluspunkte bringt er mit, die andere Bewerber womöglich nicht haben? Und gibt es vielleicht persönliche Kontakte im Zielunternehmen, die beim Bewerbungsprozess bzw. bei der Platzierung durch einen Headhunter hilfreich sein könnten?

Auch hier wendet Bittlingmaier dasselbe Credo an wie bei der Abgrenzung gegenüber Headhuntern: Er löst die Herausforderung dadurch, dass er auf die eigenen Stärken bzw. die des Kandidaten setzt und die Schwächen der anderen ausnutzt. Das zieht sich sogar durch bis ins Erlösmodell von TalentManagers: Seine Kunden zahlen eine moderate Jahresgebühr, um die Dienste des Start-ups in Anspruch zu nehmen. Diesen Betrag hat Bittlingmaier bewusst günstig gehalten, um die Einstiegshürde niedrig zu halten und beispielsweise auch Berufseinsteiger für sich zu gewinnen. Sein eigentliches Honorar verdient er über eine erfolgsabhängige Provision.

Platziert er seine Kunden im Laufe der Monate in einem Unternehmen – egal, ob mithilfe eines Personalberaters oder über seine eigenen Kontakte –, erhält er einmalig einen Prozentsatz des neuen Jahresgehalts vom Kandidaten. Einige Male ist es jetzt sogar schon vorgekommen, dass der neue Arbeitgeber diese Provision übernommen hat. Weil sie im Vergleich zu den Kosten für einen Headhunter – in der Regel verlangt dieser ein Drittel eines Jahresgehalts – vergleichsweise niedrig ist. Und weil das Unternehmen darauf setzt, dass sie mit ihrem Neuzugang den bestmöglichen Bewerber gefunden haben. Denn er hat sich, unterstützt durch die Beratung und die Weiterentwicklung eines Talentmanagers, aus vollem Herzen für die ausgeschriebene Stelle entschieden.

Stärken und Schwächen des Gegners kennen und nutzen

Methode am Beispiel einer Unternehmensgründung

1. Schon während der Skizzierung der Start-up-Idee und Marktanalyse steht die Frage im Mittelpunkt: Welche Stärken und – noch wichtiger – welche Schwächen haben die Konkurrenten und die übrigen Marktakteure? Wer sind überhaupt die Kunden?

2. In welchem Zustand befindet sich der Markt? Ist er gesättigt? Transformiert er sich zurzeit? Ergeben sich dadurch Chancen für Newcomer, die die Etablierten nicht ergreifen?

3. Spielt Geschwindigkeit beim Markteintritt eine Rolle, um diese Chance zu ergreifen? Falls ja, verfallen Sie nicht in Hektik. Nehmen Sie sich die Zeit, die Kundenbedürfnisse zu ergründen und darauf Ihre Idee aufzusetzen.

4. Bringen Sie Ihre eigenen Stärken ins Spiel, egal, ob anderer Marktzugang, technologischer Vorteil, mehr Service oder maßgeschneidertes Angebot. Richten Sie Ihr Angebot danach aus.

5. Gibt es gegebenenfalls eine Win-Win-Situation? Welcher Marktakteur wäre ein geeigneter Partner, weil Sie seine Schwächen mit Ihren Stärken ausgleichen? (Siehe dazu auch Weg 1: Coopetition)

Epilog
Hör nicht auf die »Naysayer«!

Wenn ich an Wladimir Klitschko denke, tue ich das als Freund und als Fan. Wladimir ist einer der außergewöhnlichsten und herausragendsten Kämpfer, die ich je erlebt habe. Er erinnert mich oft an einen antiken griechischen Gott: das ausdrucksstarke Gesicht, die breiten Schultern, das durchtrainierte, V-förmige Kreuz. Jeder Teil seines Körpers ist von Muskeln definiert. Er steht da, aufrecht im Ring, blickt dem Gegner geradeaus in die Augen und setzt zum K.O.-Schlag an.

Aber es sind nicht nur seine körperlichen Fähigkeiten, die Wladimir stark machen. Wladimir hat die richtige Mentalität – das macht ihn zu einem großartigen Kämpfer. Er ist schon sein Leben lang hungrig nach dem nächsten großen Ziel. Das hat sicherlich damit zu tun, wie er aufgewachsen ist. Er kommt aus einfachen Verhältnissen und ist im System der ehemaligen Sowjetunion großgeworden. Dort rauszukommen und die Welt zu bereisen, hat ihn zusätzlich motiviert. Schon früh hat er sich in die Welt des Boxens gestürzt, wissend, dass es für ihn keine Alternative gibt. Sehr bald hatte er eine ganz genaue Vorstellung davon, dass er eines Tages Olympiasieger werden wollte.

Ich weiß, wie das ist, wenn man unbedingt weg möchte aus seiner Heimat, aus seinem alten Leben. Ich bin selbst unter schwierigen Umständen großgeworden, in einem kleinen Dorf in Österreich. Der Gedanke daran, es zu schaffen, motivierte mich. Ich wollte Großartiges erreichen und um keinen Preis der Welt zurück in mein tristes Leben.

Menschen wie Wladimir und mich oder auch Muhammad Ali eint dieser besondere Ehrgeiz, diese unvorstellbare Willenskraft aufgrund unserer Herkunft. Wir waren uns sicher, dass da draußen eine größere

Welt auf uns wartet. Ich erinnere mich noch gut daran, als ich das erste Mal eine Dokumentation über Amerika gesehen habe: die riesigen Hochhäuser, die glänzenden Autos. Ich wusste sofort: Da will ich hin!

Trotzdem war es alles andere als einfach für mich, als ich 1968 in die USA ausgewandert bin – in ein völlig fremdes Land. Ich habe die Sprache nicht gesprochen, hatte kein Geld und auch keine Freunde. Alles, was ich besaß, waren mein »Mister Universum«-Titel im Bodybuilding, meine Willenskraft und mein Ehrgeiz. Aber es gibt nun mal keinen einfachen Weg an die Spitze. Es wird im Leben immer Herausforderungen geben, aber man kann damit umgehen und sie überwinden. Ich habe mit der Zeit gelernt, hart zu kämpfen. Je größer die Ziele sind, desto größer sind auch die Hindernisse. Wenn ich ein leicht erreichbares Ziel wähle, werde ich auf meinem Weg nicht allzu vielen Problemen begegnen. Aber beispielsweise den Mount Everest bezwingen zu wollen, ist gefährlich und langwierig. Das Gleiche gilt für Wladimir, der zuerst Olympiasieger, dann Boxweltmeister werden wollte. Das ist nichts für schwache Charaktere, das ist nur was für Starke.

Diese Stärke hat Wladimir von seiner Mutter, die in seinem Leben eine große Rolle spielt. Ich habe ein bisschen Zeit mit den beiden verbracht, als ich Wladimir in seinem Trainingscamp in Kitzbühel besuchte. Die Beziehung, die die beiden zueinander haben, bewegt mich sehr: Die liebevolle Art und Weise, wie er mit ihr spricht und diese unbeschreibliche Liebe, die man in seinen Augen sieht. Seine Mutter unterstützt, ermutigt und glaubt an ihn. Sie hat ihm beigebracht, wie er auch schwierige Aufgaben meistern kann – wenn er den Willen dazu hat. Gewinnen ist dabei nicht immer wichtig, Spaß und Optimismus sind das, was zählt.

Tatsächlich gehört auch das Gefühl des Scheiterns zum Leben eines Spitzenathleten. Ohne gescheitert zu sein, wirst du nie zu den ganz Großen gehören, das lernen Sportler von der Pike auf. Die Definition eines »Winners« ist, immer wieder aufzustehen, egal, was war. Nur die »Loser« bleiben am Boden liegen.

Wladimir ist so ein »Winner«: Auch er ist gescheitert und hat einige Kämpfe verloren. Doch er hat sich immer wieder hochgeboxt, hat sich zurückgekämpft und nie seine positive Einstellung verloren. Ich bewundere an Wladimir, dass er aus seinen Fehlern mehr lernt als aus seinen Erfolgen. Diese Eigenschaft ist eine seiner größten Stärken. Ich bin mir sicher, dass Wladimir es schafft, diese Fähigkeit auch nach seiner Sportkarriere zu nutzen. Er kann nicht für immer boxen. Irgendwann wird der Punkt kommen, da muss er aufhören. Er wird immer gut sein, in dem, was er tut, egal, was es ist. Ob seine Familie, seine Stiftung oder auch sein Business – er geht alles auf dieselbe Art und Weise an. Das, was er im Sport gelernt hat, hilft ihm in seiner zweiten Karriere. Ich freue mich darauf, zu sehen, was er in Zukunft aus seinen Talenten machen wird, was er weitergibt.

Auch für mich kam irgendwann der Punkt in meiner Karriere als Bodybuilder, an dem ich aufhören musste. Ich hatte häufig Verletzungen und brauchte länger, um mich wieder zu erholen. Nach meiner Zeit als Schauspieler bin ich in die Politik gegangen. Im Jahr 2003 Gouverneur von Kalifornien zu werden, war die größte Herausforderung meines Lebens. Es war so eine große Sache für mich, acht Jahre lang fast 40 Millionen Menschen und die achtgrößte Wirtschaftsmacht der Welt repräsentieren zu dürfen. Das war die größte Ehre, die ich in meinem Leben bekommen habe. Als ich beschlossen hatte, Politiker zu werden, meinten alle um mich herum, das wäre unmöglich. Mein Leben lang sagten mir die Leute immer wieder: Du schaffst das nicht. Das ist zu groß für dich. Du spinnst. Ich glaube, das passiert, wenn man große Träume hat. Die anderen erklären dich für verrückt. Aber ich habe es immer mit Nelson Mandela gehalten: »Es erscheint unmöglich, bis es einer tatsächlich macht.«

Wladimir hat in seinem Leben und seiner Sportkarriere ähnliche Erfahrungen gemacht. Er hatte oft negative Stimmen um sich herum – Menschen, die nicht an ihn glaubten. Aber er war klug, nicht auf diese »Naysayer«, diese Pessimisten zu hören. Er wusste immer genau, was seine Vision war. Und das wird auch in Zukunft so sein.

Arnold Schwarzenegger

Danksagung

Alle Menschen, die ich auf meinem Weg traf, haben aus mir das gemacht, was ich heute bin. Ohne Ausnahme.

Selbstredend bildeten meine Eltern das Fundament: Wladimir und Nadja, die ich endlos verehre und liebe.

Sie haben mir in den ersten 14 Jahren meines Lebens starke Werte mit auf den Weg gegeben, bevor ich das Familienhaus verließ. Von meiner Geburt an bis zum drittten Lebensjahr wurde ich behandelt wie ein Engel. Von drei bis 14 wie ein Sklave und ab 14 Jahre wie ein Freund.

Ich kann von Glück sagen, dass ich einen ewigen Begleiter hatte – im Geiste wie in Person. Er ist mein einzigartiger und bester Freund, Mutter, Vater, Berater, Motivator und niemals müde gewordener Herausforderer, mein Bruderherz Vitali.

Meine Familie ist mit der Zeit größer geworden. Sie hilft mir, mich jeder einzelnen Herausforderung nach unseren gemeinsamen Werten zu stellen. Dafür möchte ich mich bedanken.

Euer Wladimir

Register